自慢7

人生國學讀本

商業周刊超人氣專欄作家
暢銷書《自慢》系列作者

何飛鵬

何飛鵬

城邦出版集團首席執行長、媒體創辦人、編輯人、記者、文字工作者。

擁有三十年以上的媒體工作經驗，曾任職於《中國時報》、《工商時報》、《卓越雜誌》等媒體，並與資深媒體人共同創辦了城邦出版集團、電腦家庭出版集團與《商業周刊》。他同時也是國內著名的出版家，創新多元的出版理念，常為國內出版界開啟不同想像與嶄新視野；其帶領的出版團隊時時掌握時代潮流與社會脈動，不斷挑戰自我，開創多種不同類型與主題的雜誌與圖書。曾創辦的出版團隊超過二十家，直接與間接創辦的雜誌超過五十家。

*二〇〇七年出版《自慢：社長的成長學習筆記》——工作者最基本的人生態度，成為當年度財經管理類暢銷書第一名。

*二〇〇八年出版《自慢2：主管私房學》——小職員出頭天的最佳途徑，榮獲二〇〇九年經濟部中小企業處主辦之年度「金書獎」。

*二〇〇九年出版《自慢3：以身相殉》——何飛鵬的創業私房學。

*二〇一〇年出版《自慢4：聰明糊塗心》——自慢人生哲學，指引為人處世，打造雙贏人生。

*二〇一二年出版《自慢5：切磋琢磨期君子》——講述各階段的人生修煉，完整地提出成功人生的自慢實踐法。

*二〇一三年出版《自慢6：自學偷學筆記》——分享在職場數年，領悟的學習心得及方法。

Facebook粉絲團：何飛鵬自慢官方粉絲團

部落格：何飛鵬——社長的筆記本（http://feipengho.pixnet.net/blog）

自序
從《論語》開始的中文國學之旅

初中的時候，我念的士林初中，有一個非常特別的校長邵夢蘭，她在正常的課業之外，每週另外開了兩個小時的國學課程，把同一學年的幾個班級集合在大禮堂，由她來統一授課。那時教的是《論語》，還要考試，還要求背誦，初中三年，幾乎教完了全本的《論語》。

我很享受這個課程，因此上完課，我幾乎背會了全本的《論語》。而這樣的訓練也影響了我一輩子，因為不只是背誦，我也幾乎接受了《論語》中所講述的所有道理，雖未必能全然身體力行，但至少是「雖不能至，然心嚮往之」！

也因為這樣的陶冶，影響了我對中國古文的興趣。我喜歡上國文課，對課本上所教的國學經典，儘量做到能背誦，就算不能背誦，對其中的經典語句，我也牢記在心，成為一生中不時引用的名句。

延續著這樣的習慣，我涉獵了唐詩、宋詞、元曲，對諸子百家、老莊、孟子、荀子，也略知一二；我尤其喜愛《詩經》及《楚辭》，在這些中國古老的文字中，我找到了無窮的樂趣。

我會在每日臨睡前及清晨早起，隨機翻閱任一本典籍，或讀一段、一章、一篇，讀到哪裡算哪裡，沒有目標，沒有壓力，卻經常在其中得到意想不到的收穫。

十年前，當我出版了第一本書——《自慢》的時候，我的想法是，只要一個人擁有自慢的本事，一生就可以無憂無慮，自在瀟灑。這時我正好重讀宋詞，讀到蘇東坡的〈定風波〉，其中最後一句「也無風雨也無晴」，我眼睛一亮，心領神會，這不就是我自慢的人生境界嗎？

因此我將詞中的「一蓑煙雨任平生」，改為「一心自慢任平生」，再接下聯「也無風雨也無晴」，這就成了我對自慢人生的最佳註解。

在我讀《楚辭．漁父》時，最後幾句：「滄浪之水清兮，可以濯吾纓。滄浪之水濁兮，可以濯吾足。」當時我正為外在環境的劇變而感到困擾，這幾句話讓我豁然開朗。清水濯纓，濁水濯足，不正是要適應環境的改變，而改變因應方式嗎？人不應該只求自己熟悉的環境，而要適當的妥協。

這兩個例子，都是我從中國的國學中得到的人生體悟，對照古文佳句，改變自己的做人處事態度，這可是雙重的收穫。

當有了這樣的經驗之後，我更刻意的去比對兩者的關係：從古文中去啟發人生智慧；也從個人的價值觀和信仰中，去驗證國學經典中已存在的名言佳句。發覺這種互相輝映、彼此佐證的情況，真是不勝枚舉。

我把這些感受，寫成一篇篇的文章，然後再彙集成書，這就是我們現在所出版的這一本《人生國學讀本》。結合人生與國學，互為因果，相互啟發見證，這在當今出版市場上，應是有創意的結合。

本書的第一部，就是近三十篇這種跨人生與國學的文章，又分成三章：曰人生境界、曰為人之道、曰做事方法。通常會先引用原典，加以註解，再述說我自己的領悟與感受；或許有些感受，並非原典的原意，也要請讀者原諒我的想像力。

這些文章的原典從《論語》、《孟子》、《老子》、《莊子》、《荀子》，到《左傳》、《世說新語》、蘇軾的詞及其他個別散文，我並沒有仔細過濾中國國學經典的企圖，完全都是在隨心隨性的閱讀中，油然而生的感受。

本書的第二部，秉持著第一部讀國學、學國學的特色，我把過去這一段時間中，最常閱讀的國學經典與大家分享。

第一個單元是《詩經》。讀《詩經》是因為讀《論語》時，孔夫子三不五時就來一段「詩云」，其文字簡練，含意深遠，這引起了我讀《詩經》原典的興趣。而在詩三百中，我挑選了一些我感受最深的篇章，與讀者分享。

另外三個單元是「詩」、「詞」、「曲」，這三種是讀中國文學中一定會提及的三種文體，分別盛行在唐、宋、元朝，三種文體各有其特色，也各自出了許多創作名家。在我讀這三種文體時，我通常只挑我有興趣的作品接觸。嚴格來說，我讀的十分偏狹，凡是引不起我興趣的一概略過。

在三個單元中，我或以作者，或以主題為寫作重點，而每一篇通常會觸及許多作品，讓讀者能一次性接觸比較多的同類作品。

最後一個單元是歷代散文，這是歷史最長、跨度最廣的文體，在挑選時，我頗感困難，取決不下。最後我仍然是以我喜歡、有感覺為選擇標準。挑選的文章中，都是魏晉以前的作品，至於唐朝以後的文章，由於在各級學校的國文課本中選錄的已極多，故不再選用。

這是一本個人色彩極濃的書，雖然介紹了許多文學經典，但都與我有關，願所有喜歡讀國學及中國古文的人可以互相探討。

目錄

第二章 讓他三尺又何妨——國學中的為人之道

目錄

第三章 毋意、毋必、毋固、毋我——國學中的做事方法

第二部 我讀國學

第四章 讀古文，從詩經開始

目錄

第五章 讀詩，從吟詠背誦開始

第六章　詞：忽視花間，獨取豪邁

第七章　曲：通俗白話，但最透視人性的吟唱

第八章　經典古文中特別感受深刻的文章

第一部／人生國學讀本

第一章

振衣千仞岡，濯足萬里流——國學中的人生境界

當我讀到左思的〈詠史〉時，其中兩句「振衣千仞岡，濯足萬里流」，心中不禁豁然開朗：當我能夠看透人間的羈絆，我就可以昂首於天地之間；「振衣千仞岡，濯足萬里流」就代表了我人生的瀟灑自在。在閱讀中國傳統的國學經典時，我不時體驗到徹悟人生的道理。

在《世說新語》中對謝安的描述，我體會到「處則為遠志，出則為小草」的道理，蟄伏之時要有大志向，可是一旦採取行動，則要有小草的謙卑。

在蘇東坡的詞中，我讀到「長恨此身非我有」的感慨，應該通變的放棄人生對世俗的追逐。還讀到「此心安處是吾鄉」，告誡世人應隨遇而安，不必強求。最後我讀到「一蓑煙雨任平生」，在煙雨中，只要有一件蓑衣，就可來去無礙；而在人生中，那一件賴以擋風避雨的蓑衣何在呢？

在《荀子》中，我讀到「肉腐出蟲，魚枯生蠹」的道理；在《孟子》中，我體會「明鏡止水」的真相。這些道理，過去雖已略知一二，但總不如此次透徹。

最後，人生在世一定要秉持一股浩然正氣，直道而行，不可為一己之私，畏首畏尾，這樣才能活得暢快淋漓，這是「一點浩然氣，千里快哉風」的境界。

人生要不斷學習，在國學經典中有無盡的人生智慧。

1 遠志與小草

《世說新語・排調》

太傅始有東山之志，後嚴命屢臻，勢不獲已，始就桓公司馬。於時人有餉桓公藥草，中有「遠志」。公取以問謝：「此藥又名『小草』，何一物而有二稱？」謝未即答。時郝隆在座，應聲答曰：「此甚易解：處則為遠志，出則為小草。」謝甚有愧色。

人生按工作的順逆境，可分為不同的階段。有時蟄伏，等待機會一展長才；有時則應受重用，可呼風喚雨，大展所長。在這兩種不同的階段，各有相對應的心境。東晉名相謝安的「遠志」與「小草」之喻，值得我們學習借鏡。

東晉名相謝安，在未出仕之前曾隱居於東山，後為當朝權臣桓溫之請，出山為司馬。在其出山的過程中，有一則「遠志與小草」的典故，頗值後人參考。

當時有人送桓溫一種名為「遠志」的藥草，桓溫就問謝安：「此藥又名『小草』，為何一藥有兩種稱呼？」謝安還沒回答時，有一名為郝隆的參軍代為回答：「處則為遠志，出則為小草。」意思是，此藥其根名為遠志，而長出來的葉子則名為小草。

謝安聽了這個對話，面露慚愧之色，因為這個故事暗諷謝安出山為官之事。謝安由隱入仕，確實受了許多折磨，不過為官之後，終能成就一番豐功偉績，打敗了苻堅於淝水之戰，成為東晉的名相。

這個遠志與小草的典故，在現代社會中的為人處世之道，頗值得玩味。每個人都應有「處則為遠志，出則為小草」的人生體悟。

現代人不會有隱居之事，每個人都在工作，都會有一個職位以發揮所長。多數人都從默默耕耘、安靜的努力工作開始，而後逐漸累積工作成果，慢慢的成為組織中不可或缺的關鍵人物，從而被組織所重用，不斷升官晉爵，甚至成為組織的領導人，主宰了組織的命運，變成呼風喚雨的人物。

這樣的工作歷程就宛如古人的由隱而仕。隱之時，致力於讀書、修身、養望，雖為閒雲野鶴，但對世事自有看法，這是「處則為遠志」，流露出對未來的高遠志向，一切都在努力積累實力與能力，以待他日機會來臨時，一展長才。

當我們的工作成果被組織所認同，願意委以重任，給我們更大的舞台發揮時，這就是出山為官，而這時候，我們應當有「出則為小草」的體認。

為何一旦得志、得勢，反而要以「小草」自居呢？

因為人生得意之時，難免意氣風發、志得意滿，行事作為得罪人而不自知，不知不覺中開始累積失敗的因子。

而對自己的能力過度自信，也會自以為是，勇於放手一搏，輕忽了事情的危險與困難，最後導致失敗的結果。

因此當人生順境之時，絕不可認為自己是個人物，反而要以「小草」自居，要有謙卑之心、要有退讓之意，順境才能長久延續。

「遠志」與「小草」都是人生中的重要體悟，蟄伏之時，常有遠志；得意時刻，心中有小草。

後記：

❶謝安在各方催促之下，始出山為官，而「小草」之喻，其實也有取笑之意，取其蟄伏處世時有遠志，可是出山為官卻無大作為，僅以「小草」稱之，以致於謝安有愧色。

❷我個人卻以自居為小草，為最佳的解釋。因為一旦得意輝煌之際，難免驕傲輕慢，以致犯錯，若能以「小草」自居，謙沖為懷，可保身心安泰。

2 一蓑煙雨任平生

宋・蘇軾〈定風波〉
莫聽穿林打葉聲，何妨吟嘯且徐行。竹杖芒鞋輕勝馬，誰怕？一蓑煙雨任平生。
料峭春風吹酒醒，微冷，山頭斜照卻相迎。回首向來瀟瑟處，歸去，也無風雨也無晴。

人生永遠不缺擔憂。小時候害怕成績不好，考不上學校，未來不會有出息。學校畢業後，害怕找不到好工作，人生沒有前途。有了好工作，害怕表現不佳，升遷無望。臨退休，害怕儲蓄不夠，不足以養老，也害怕下一代，沒有出息，不能安穩過活。

人生永遠在擔心受怕中，我們又如何能遠離害怕呢？擁有一身本事，讓自己永遠有價值，可以賴以為生，這就是「一心自慢任平生」。

這是蘇軾寫於宋神宗元豐五年，被貶至黃州第三個春天時作。三月七日，蘇軾在沙湖道中遇雨，雨具先去，同行人皆狼狽，唯獨蘇軾冒雨徐行，泰然自若，天氣反而轉晴，盡顯蘇軾豪邁、超脫、瀟灑的特質。

表面看來，這是蘇軾郊遊遇雨的感受：不要聽那穿林打葉的風雨聲，儘管吟詩長嘯，漫步徐行，手拄竹杖，腳穿草鞋，仍然輕鬆健步，勝過騎馬；風雨不可怕，我穿著蓑衣，遨遊在風雨中。微寒的春風吹醒酒意，略顯寒冷，卻看到山頭的斜陽，迎面而來。回頭望去來時煙雨迷濛的地方，現在都是無風無雨，一片寂靜。

蘇軾瀟灑以對風雨，風雨遂去轉晴，只要有一件蓑衣，就可無風無雨也無晴。

二〇〇七年四月，我出版了自慢系列第一輯《自慢：社長的成長學習筆記》，當時我深感一個人只要擁有自慢的能力與絕活，就可以優遊職場，一生快意。

碰巧當時讀到這一闋詞〈定風波〉，就覺得深獲我心。我一生不穿雨衣、極少帶傘，除非大雨，否則快步疾行，雨中來去自如，人生倒也瀟灑快意。尤其當我練就一身自慢的本事之後，我的生涯、我的工作，也就無往不利，雖歷經風雨，但也無感於風雨之存在。

於是我稍微修改蘇軾的原詞，將「一蓑煙雨任平生」改為「一心自慢任平生」，下聯再對上「也無風雨也無晴」，這兩句話變成我一生之作，我生活的寫照。

人生永遠不缺波折、不缺風雨，我們永遠要靜心以對。問題是，我們要如何才能安度風雨與波折呢？那就是要擁有一身自慢的本事。當我們擁有一身的本事，而這些本事又是別人無可取代，非仰賴我們不可的時候，我們就永遠有存在的價值，我們會永遠不缺工作、不缺頭銜、不缺職位，瀟灑自立，生活無虞。

自慢的本事，可以是一項技術、可以是一種能力，也可以是一項專業，一種知識、態度或理解。有了這種本事之後，我們就可以一生以此為業，這也就像在風雨中，穿上蓑衣，可以遮風避雨，無視風雨的存在。

我的一生，隨時心心念念有何自慢的本事，要不斷的鑽研、磨練、學習，務期「一心自慢任平生」，然後一生「也無風雨也無晴」。

後記：

❶要一生過得瀟灑自如，除了自己擁有一身本事之外，恐怕內心的修練也是重

要的事。要擁有豁達的心性，遇到任何困難，都要能一笑置之；要相信自己，要相信人生永遠沒有走不過的關卡，只要努力，一切都會改變，人生永遠會更好。

❷人生不可能無風無雨，重點在於風雨迎面而來時，我們有方法面對，有能力度過，這是「也無風雨也無晴」的應對境界。

3 長恨此身非我有

宋・蘇軾〈臨江仙〉

夜飲東坡醒復醉，歸來彷彿三更。家童鼻息已雷鳴。敲門都不應，倚杖聽江聲。

長恨此身非我有，何時忘卻營營。夜闌風靜縠紋平。小舟從此逝，江海寄餘生。

「人在江湖」是人生永遠的感慨。每個人都有一定的角色要扮演，人子、人夫、人父，這是家庭的角色，當我們扮演這些角色時，這種生活真的是自己想要的嗎？

如何兼顧角色扮演與自己內心的想望，這永遠是每個人一生的課題。

這是蘇軾貶謫到黃州時所寫，因烏台詩案而獲罪的蘇軾，此時深感人事無常、官場險惡，只能放浪形骸，借酒澆愁。

在一個深秋的日子，蘇軾在他蓋在黃州城東山坡上的草堂飲酒，夜半三更歸來，家童已睡，鼾聲大作，蘇軾叫門不應，只好倚門聽江聲。此時蘇軾回想一生，百感交集，覺得一生都在為人作嫁，完全不能自立，要到何時才能擺脫為了功名利祿的勞碌奔波呢？此時夜深、風平、人靜，蘇軾寧願駕著小舟，漂浮寄情江海，從此度過餘生。

蘇東坡在歷經人生的低潮之後，只能寄情江海，以酒自我麻醉，但也感慨人生常常是為別人而活，無法真正做自己；駕一葉小舟，江海寄餘生，變成蘇東坡最後的想望。

這一闋詞中的兩句話：「長恨此身非我有，何時忘卻營營」，引發我非常深刻的感受，因為長恨此身非我有，我也常做此嘆。我的一身，非我自己能做主，一半是在工作上，時間完全由祕書安排，我只能照表行動；另一半屬於家庭、太太、孩子、親人，各式各樣的家庭活動早已排定，我也缺席不得。因此此身非我有，一半是祕書的，一半是親人的，人生就是在羈絆中，過完一輩子。

長恨此身非我有，只是感嘆，並沒有想逃離的意圖。可是下一句「何時忘卻營營」，卻是長存我心的「出走」想望。

每當我困在公司目標的完成、預算的達標、例行工作的執行而分不開身時，我會想著：如何能忘卻這一切，擺脫這些現實的枷鎖，去過著自己隨心所欲的日子呢？

當我們被綁在工作中，有固定的角色要扮演、有責任要承擔、有目標要完成，這些都是壓力，也都是沉重的負擔。可是因為我們有欲望，對物質生活有期待，我們就不能不汲汲營營，被困在作繭自縛的網中，擺脫不了為生活的勞碌奔波，辛苦的為人作嫁。

我開始嘗試讓生活過得簡單一些，對物質的欲望低一些，吃得更簡單、穿得很簡樸、用得更單純、生活得更平凡一些，那我就可以少一些對財富的算計，也可以少一些對名位的期待。這當然也就可以擺脫生活中的汲汲營營，可以多做一些自己有興趣的事，讓生活更快意一些。

我終於發現，何謂汲汲營營——凡是起心動念是為名、為利的行為，都會使人變得醜陋、變得小肚雞腸、變得心思複雜、變得沒有人味，惹人討厭。就從今天起忘卻名利，拋棄汲汲營營，重新找回真正的自我吧！

後記：

❶當我們油然而生「長恨此身非我有」之時，接著興起的念頭就是逃離，而能否逃離，就要看每個人的決心如何了。

❷覺得自己所演的角色索然無味時，通常會為自己的「汲汲營營」不滿，會問自己為何要「汲汲營營」呢？

❸人為何會覺得「汲汲營營」？通常來自於名位與金錢的追逐，當我們做一件事，只著眼於財富的增加，或名位的提升時，很容易覺得厭煩，而開始問自己有必要如此辛苦嗎？

❹如果做的事，是自己的興趣，是有一件事想去完成，是對社會有價值、有意義的事，那麼我們會全力投入，而不會覺得「汲汲營營」。

4 上床與鞋履相別

元・馬致遠〈夜行船・秋思〉
〔風入松〕眼前紅日又西斜，疾似下坡車。不爭鏡裡添白雪，上床與鞋履相別。休笑巢鳩計拙，葫蘆提一向裝呆。
〔撥不斷〕利名竭，是非絕。紅塵不向門前惹，綠樹偏宜屋角遮，青山正補牆頭缺，更那堪竹籬茅舍。

元曲中充滿了看透人生的篇章，充斥著出世的無為想法，這一篇〈夜行船・秋思〉更是其中最知名的代表作。每讀此篇，總是不斷反覆品味，充滿了頓悟人生的智慧。

這是元曲大家馬致遠傳唱千古的名作，他先道盡百歲光陰宛如蝴蝶一夢之後，再感嘆帝王、豪傑、富人的風光歲月，也是半腰摧折，不辨魏晉；進而體悟自己的人生也如下坡車，日薄西山，鏡中徒增白髮，來日無多。每天上床前不忘與鞋履告別，不知明日是否還會醒來穿得上？不要笑鳩鳥不會築巢，我只是裝呆而已。

接著馬致遠再自我表白：斷絕一切名利、是非，不再招惹紅塵，每天徜徉在綠樹遮蔽的屋角，青山映照著牆頭，自由自在的活在竹籬茅舍之中。

每次讀〈秋思〉，總覺得塵念俱消，不再追逐世俗的成敗，只想沉醉在青山綠水之間。因為，再偉大的成就，終究也敵不過歲月的摧殘，只能隱沒在荒煙蔓草之間。

可是，不論再深刻的感悟，人總是要活在世俗之中，還是要有所追逐，因此每次當我領受了〈秋思〉的絕塵脫俗之後，轉身仍然投身在工作中，繼續全力以赴。

而〈秋思〉中的一句「上床與鞋履相別」，則成了我加倍努力工作的動力來源。

在五十歲以前，我覺得時間、歲月在我手中，我有一輩子的時間可以揮霍，因此我快意衝刺，我覺得我可以做所有的事，只要我想、我去做、我去嘗試，我就可以完成。

可是五十歲之後，我開始感覺到歲月的壓力，時間不是無窮的，我需要更大的急迫感來面對一切。

我有了新的想法之後，當我啟動新的行動時，我會想：在有限的時間內，我能完成嗎？我開始把每一件事，當作是我的最後一件事來做，我要小心謹慎的做每一件事，我害怕自己再也沒有重來一次的機會。

每一年的歲末年終，我也會仔細盤點所有的工作，把今年一定要完成的工作，依序排定先後順序，成為明年工作的最高指導原則。我不能假設「明年之後，還會有明年」，每年都可能是我的最後一年。

這不就是每天「上床與鞋履相別」嗎？

當我脫下鞋子，躺上床，我可能明天再也起不來，永遠再也不會穿上鞋子，人生就此戛然而止，時間就此靜止在這一刻。

每次想到這裡，我就會更加珍惜今天，掌握當下，在馬致遠這充滿「出世」的〈秋思〉中，我得到最入世、最積極的態度，也因而更看透人生。

後記：

❶人每天都要上床睡覺，如果在每天上床前，都要與鞋履告別，這是多麼深刻的自我警惕，絕對可以達到讓自己加速所有作為，並珍惜每一刻的效果。

❷要做到「利名竭，是非絕」，並非必定要出世隱居，最高境界可以做到人在紅塵中，但心中淡泊名利，斬斷是非之念，與世無爭。

5 明鏡止水，唯止能止眾止

《莊子‧德充符》

常季曰：「彼為己，以其知得其心，以其心得其常心，物何為最之哉？」

仲尼曰：「人莫鑑於流水，而鑑於止水，唯止能止眾止。……」

人如何才能看清自己，才能映照自我？

每個人都需要瞭解自己，照鏡子是最簡單的方法，但這只能照到人的外部影像，不能映照人的所作所為。

要檢討自己的行為，要用心去觀察，用腦去思考，可是如果心不靜，我們就看不到自我，莊子提出了「唯止能止眾止」的修心法則。

此為《莊子・德充符》第一篇，描述有一個斷足的人王駘，受到魯國人的尊敬，向他求學的人和孔子一樣多，這引起常季的好奇，而問孔子，這是何故？孔子回答：「王駘已經了然死生，不受外物變遷的影響，看自己斷的腿就好像失落一塊泥土一般，連我都要去請教於他。」

常季聽了就說：「王駘能修己，用智慧修其心，再用這個心看世界，得到萬物一體的『常心』，但這樣就能得到眾人的跟隨嗎？」

孔子回答：「人不會在流水照鏡子，只會在靜止的水面照鏡子，唯有靜止的水面，才能使他物靜止，也才能看得到自己，當王駘能了然死生，超然脫俗，大家都樂意追隨他，他並無吸引眾人之意。」

面對止水，照映自我，求得身心放心，以回歸「常心」，這是孔子引喻一個人修心的說法，在人生中，我也曾歷經這種「唯止能止眾止」的修練過程。

在我人生遭遇重大困境，身心困頓之際，外界些微的打擾，都會使我暴跳如雷，引發過度反應，反而使事情演變成難以處理的絕境。這時候我身邊的人，不論是工作夥伴、同事或家人，都會成為倒楣鬼，受到我不正常、不合理的對待，做起事來，經常會節外生枝，治絲益棼。這時的我，就好像對著流水照鏡子，完全看不到自我，只有紛亂的影像與假象，而導致不正確的行為。

在不斷犯錯與紛亂之後，我只能痛定思痛，靜下心來悔悟。當我靜下心來時，靈台逐漸清明，一切都是我急切紛亂的心使然，才會錯上加錯，只要我能靜心，外界的紛擾也跟著靜止下來。

平靜的心靈就像明鏡止水，映照清楚的外在世界。雖然我仍然無法像王駘一樣，以智慧得其心，然後以其心得其「常心」，把外在世界看成一體，對自己身上的缺憾達到無視及物我兩忘的境界；可是光是做到靜心，就可以冷靜處世，不致因為內心的浮動，而做出逾越常理的作為。

當我們面對複雜的處境、面對巨大的壓力、面對強勁的對手，而精神恍惚、不知所措之際，唯一該做的事就是「靜心」，讓自己的內心如止水一般，澄澈寧靜；當內心平靜，外界的紛亂也會跟著靜止下來，這樣我們才能一步一步、循序漸進的逐一處理。

越是紛亂，「唯止能止眾止」是唯一處理法則。

後記：

❶自鏡中看到的自我，只能看到具象的肢體，不可能看到自己的行為，行為要用心去觀察體會。

❷要做到內心明鏡似水，最重要的事，就是要不受外界環境的影響。不論環境如何變動，我們一定要保持無喜無憂，冷靜以對，這樣我們才能真正的「明鏡似水」，也才能做到「唯止能止眾止」。

6 此心安處是吾鄉

宋・蘇軾〈定風波〉

常羨人間琢玉郎，天應乞與點酥娘。盡道清歌傳皓齒，風起，雪飛炎海變清涼。

萬里歸來顏愈少，微笑，笑時猶帶嶺梅香。試問嶺南應不好？卻道，此心安處是吾鄉。

人其實是這個世界的過客，每一段時間，停駐在世界中的某一個角落，只要日子待得夠久，這個地方我們就會認同，就有歸屬感，也就成為我們的家鄉。

但並不是每一個人都能停駐在家鄉，許多人不得不遠離鄉里，而對家鄉的思念，又化成不能抹去的鄉愁。面對鄉愁，我們將何以自處呢？

第一次出走西藏新疆的行程，在前後近二十天中，我的心情是每天趕、趕、趕，在路上的時候在趕路，休息時在想著明天的行程；彷彿這是一項任務，必須盡快把它執行完畢。雖然眼中也看盡了沿途的好山好水，但是，在我心中，從沒有靜下心來享受這一段旅程，也未能好好體會途中的一切。

這是我一生的寫照，性急的我，隨時都在追尋下一步。念書時，想著畢業後要做什麼？做事時，想著完成後，下一步的工作。連出門去旅遊，也像走行程，從出門的那一刻開始，就想著何時回家。吃飯時，我也是猴急的扒著飯，沒上兩道菜，我已經吃飽了，多半時間，我在等著散步。

我似乎從未靜下心來感受現在、體會當下。因此我的記憶都是片段，一、兩個零碎的畫面，是我搜盡枯腸所得到的回憶，我一生的歲月，都是用過即棄，留下的只是一片空白。這一切都來自於我的操切、我的心急、我的驛動的心。

五十歲以後，當我進入人生的下坡歲月，我開始體會來日無多，我為什麼不好好的把握每一天呢？這一生我還要繼續趕路嗎？

雖然想靜下心來過日子，但還是不安穩，做任何事仍然想急切的完成；出門的日子，數著日子想回家，可是在家的日子，又因無所事事而坐立難安。要怎麼做才能安心呢？

蘇東坡這一闋詞提醒了我。蘇軾的友人王定國自嶺南回北，帶著歌女宇文柔奴為伴，柔奴眉目娟麗、善應對，五年的南遷，並未給柔奴留下任何風霜，反而益顯清麗，微笑時，彷彿掛著嶺南梅花的香氣。蘇東坡好奇的問，嶺南生活一定很清苦吧？沒想到柔奴卻笑著說：「只要安心，處處可以是吾鄉！」

好一句「此心安處是吾鄉」，即如在嶺南瘴癘之地，柔奴能安心處之，即可以處處為家，並將嶺梅餘香留嘴角，這是何等超然的境界。

我為何坐不安穩，虛度時日？因為身不靜、心不安，因此就算居家，也不能悠然自得，安度時光。就不用說當我在快速的工作中，或是巡遊在外時，會常不安枕了。

我開始嘗試放慢腳步、身靜心安的過日子，不受外界事物所左右，也慢慢體會出生活的一些趣味來。

後記：

❶有一次全家四人一起去倫敦旅遊七天，到了第三天，我開始想家，老婆聽到我想家，問我：全家都一起在倫敦，家裡一個人也沒有，你想什麼家啊？我也語塞，我在想什麼啊？難道是想房子嗎？其實也就是心中一絲不安的感覺罷了！

❷放下驛動的心，靜心體會觀察周遭的一切，活在當下，這就是「此心安處是吾鄉」的開始。

7 乘興而行，盡興而返，何必見戴！

《世說新語．任誕四十七》

王子猷居山陰，夜大雪，眠覺，開室，命酌酒。四望皎然，因起彷徨，詠左思〈招隱詩〉。忽憶戴安道，時戴在剡，即便夜乘小舟就之。經宿方至，造門不前而返。人問其故，王曰：「吾本乘興而行，盡興而返，何必見戴？」

人生最快意瀟灑的事，莫過於隨心所欲，行其所當行，止於其所不可不止；沒有目標，沒有方向，快意而為，隨興而行。

只不過人很少能如此隨意，總是在現實的軌跡中前進，行為也受到外界的規範。我們總是嚮往能隨心所欲、為所欲為的人，可是如果我們真能為所欲為，卻可能也瀟灑無門，做不出瀟灑的事。

這是魏晉時期《世說新語》所述的一則故事，主角是書法家王羲之的第五個兒子王徽之（子猷），為人豪放不羈，興之所至，為所欲為，常有出人意表的言行。

王徽之當時隱居在山陰，有天一夜大雪，徽之一覺醒來，推開窗戶，月光皎然照雪景，於是斟酌飲起酒來，也一面詠著左思的〈招隱詩〉，此時忽然想起好友戴安道來。戴安道住在剡溪，距離甚遠，可是王徽之卻駕著小船去找戴安道，船開了一夜，才到達戴安道住的地方，但是王徽之到了門口就回家了。人家問他為什麼，王徽之回答：「我乘興致而來，如今已經盡興，就可回去了，為何一定要見戴呢？」

這是多麼放浪瀟灑的作為啊！

我這一生永遠處於理性的決策之中，因此讀到如此隨心所欲的行為，只能衷心嚮往，自嘆弗如，想像自己哪一天也能快意而行一番。

談到生活上的浪漫，我的一生雖然乏善可陳，可是生涯抉擇的起伏，我倒是十分膽大妄為。在幾次的生涯抉擇上，只要我經過深思熟慮之後，不論親友們如何的反對，我總是一意孤行，義無反顧。

二十六歲，當我考上《工商時報》的記者，我不顧媽媽的反對，辭掉了保險公司穩定的工作；三十四歲，我離開了《中國時報》的主管工作，選擇投入創業前的準備工作，隔年就創辦《商業周刊》；四十二歲，再度創辦《PChome》電腦家庭雜誌，這些選擇都經過親友們慎重的告誡，不可孟浪而行，但我總是追隨我內心的呼喚，按照自己的直覺，勇往直前。

雖然這些膽大妄為，讓我的一生吃了許多苦頭，經常要面臨創業失敗、傾家蕩產的威脅，可是我最後終於能走過來，總算也能修成正果，而這都是拜我當年一意孤行之賜。人生總要有一些瀟灑的作為，才能不負此生。

我發覺大多數人猶豫不決，提不起、放不下，原因都在於得失心太重，想到萬一失敗的後果，可能無法承擔，因此大多只能選擇穩定而安全的作為，為自己的人生道路，選擇平凡、安定的日子。直到年華老去，才發覺這一生沒有痛快活過。

人生都有個目標，就好像王徽之雪夜驅船訪戴安道一般，戴安道是目標，可是歷經一夜的航行，歷經一段痛快淋漓的過程，就已盡興，見不見戴，達不達成目標，似乎都可以忽略了。

後記：

❶這在《世說新語》中，被歸類在〈任誕篇〉中，也有不可思議的胡為之意，顯見王徽之的作為，也不是每一個人都認同的。

❷王徽之的重點，全在一個「興」字，他一心訪戴，所以連夜驅船前往。歷經一夜，訪戴之「興」已盡，見不見戴，已不重要，此時見戴之目的，與訪戴之「興」已脫鉤，故即可駕船而返。

❸此故事也強調一己的想法，才是人生的重點，外人如何評論並不重要，我們應堅持自己的想法、看法，不用管外界的說法。一味追逐自己的理想，義無反顧，這才是自己的人生。

8 肉腐出蟲，魚枯生蠹

《荀子．勸學》

物類之起，必有所始；榮辱之來，必象其德。肉腐出蟲，魚枯生蠹。怠慢忘身，禍災乃作。強自取柱，柔自取束。邪穢在身，怨之所構。

人活在外在環境中，不時會受到環境所影響。可是人也有主觀意識，也有主觀選擇，也可以改變或抵禦環境的影響。因此如果一個人下了決心，不做某件事，而且本身也有足夠的意志力，那麼，一定可以阻擋這件事的誘惑。

荀子這一段文字的大意是指，任何事的發生都是有原因的，人的為人會招致榮或辱，也都與他的德行修為有關聯。肉一定要先腐爛了，才會出蛆；魚枯乾了，才會長蠹蟲。人如果怠慢懶惰，必然會遭遇災禍。太剛強容易斷裂，太柔弱則自取束縛；人若做了不好的事，自然會遭遇怨懟。

剛上大學不久，我就和同學們一起學會了抽菸。我總覺得自己是被同學帶壞的，因為都是同學先抽菸，問我要不要試試，我才會跟著學。後來媽媽知道我抽菸，問我為什麼要抽菸，我回答：「都是被同學教的。」媽媽只冷冷的回了我一句話：「你自己如果不想抽，沒有人能強迫你，不要把自己該負的責任，全都賴到別人身上。」

後來開始工作，我也學會了打牌，也因為通宵達旦打牌，整夜沒回家。媽媽知道我打牌，一樣問我：「為什麼要打牌？」我回答：「因為同事要打牌，三缺一，所以我只好湊一腳。」媽媽一樣冷冷的回我一句話：「這年頭只聽過強姦，沒聽過逼賭的。若不是你自己想賭，喜歡賭，誰能強迫你坐上桌？」

這兩個故事都是我一輩子難以忘懷的事，如果自己不想，誰也沒有辦法逼你，一定是我們在內心上已經先棄守，這些壞事才能長驅直入，這完全印證了《荀子・勸學》中的這八個字：「肉腐出蟲，魚枯生蠹。」因為自己怠慢忘身，然後才會招致災禍。

隨著年紀的增長，我越來越深刻體會這句話的含義。人之所以會生病，一定是自己的狀況不佳，自己的抵抗力已經減弱，病菌才會乘虛而入，才會導致重大疾病。

同樣的道理，人生會遭遇不好的事，通常也和自己有關。

人之所以會有不良的習慣或者行為，雖然與環境有關，可是也並不是每一個處在不良環境中的人，就一定會變壞，因此只要自己能自我控制，就可以不致學壞。所以會學壞的原因，還是來自自己的無法控制自我，這就好像自己身上已經長了不良基因，當然很容易受到外界影響，這就是所謂的「肉腐出蟲，魚枯生蠹」。

這說明了人生的一切，都有明確的因果關係，一切有因必有果，一定是我們做了一些事、種了一些因，才會有所果。而每一個人自己，又是種因的關鍵「自變數」，自己是什麼樣的人、做了什麼事、種了什麼因，就會得到應有的果報。

每一個人都無須抱怨環境，也不可把責任推給別人，一定是自己放棄堅持，才會染上惡習，招來惡事。

後記：

❶一個讀者反問我，這世界是不能逼賭，可是卻有可能誘賭，有人會設下各種陷阱，引人上當，這又怎麼說呢？我的建議是，要避免上當，只能多看、多學，學會分析判斷，能辨別事理的真相，才能全身而退，免於誘惑。

❷此篇是強調自我的重要，如果一個人其心正、其身直、其行為循正軌，那外界的影響，就不致於出現。

9 一點浩然氣，千里快哉風

宋．蘇軾〈水調歌頭〉

落日繡簾卷，亭下水連空。知君為我，新作窗戶濕青紅。長記平山堂上，欹枕江南煙雨，渺渺沒孤鴻。認得醉翁語，山色有無中。一千頃，都鏡淨，倒碧峰。忽然浪起，掀舞一葉白頭翁。堪笑蘭台公子，未解莊生天籟，剛道有雌雄。一點浩然氣，千里快哉風。

每一個人的行事風格都不一樣，有人做起事來，思慮再三，瞻前顧後；有人正氣凜然，勇往直前，一切隨心所欲，快意恩仇。

人生最可貴的就是能秉一腔浩然正氣，直道而行；完全不用看別人臉色，不用顧忌會有任何後遺症，也不用講一些扭曲自己本意的話，去逢迎別人。想做就做，當為則為，這是人生最痛快的事。

年輕時的記者生涯中，最記得是憑著年輕的浪漫正義感，挑戰當時社會中盛行的非法斂財機構——地下期貨公司。我連續一星期，每天追蹤地下期貨公司非法運營、騙財的實況，讓地下期貨公司成為社會注目的焦點。

記得我寫到第三天時，採訪警政的同事告訴我：「現在警察都很討厭你，已經放話說，如果你發生什麼意外，他們不會特別保護你。因為你沒事惹出地下期貨公司的問題，害他們不得不辦。」

當時確實如此，地下期貨公司都是由黑道經營，而白道難免睜一眼、閉一眼，大家相安無事，只有無知的投資人被騙，而白目的我，竟然去捅這個馬蜂窩，難怪惹人嫌。

同事也勸我適可而止，就別惹黑道了。年輕的我見不得不平之事，一意孤行到底，最後終於驚動到經濟部，出來正式開記者會，宣布嚴格取締地下期貨公司。

我的浪漫、白目的作為，終於有了回應。

我無法解釋年輕時的作為。那時見不得社會任何不平之事，總覺得這個社會天理昭彰，不信公理正義喚不回，而拿著筆當記者的我，更是社會的守門人，責無旁貸。

當時我就讀到蘇東坡這一闋詞，當我讀到最後兩句時，眼睛一亮，這不就是我的感覺、我的形容、我的寫照嗎？

從此，「一點浩然氣，千里快哉風」變成我一生追逐信仰的境界。

蘇東坡由長江水面上的風雲變幻，感受到人生的無常，但無論如何的風狂雨急、狂浪翻天，人只要擁有至大至剛的浩然之氣，以不變應萬變，堅持自己的看法、想法，不為俗流所染，自然能享受一生吹拂的快意之風；不論任何風吹上身，我們都會覺得痛快瀟灑，覺得人生快意走一回。

人生在世，難免以自我為中心，任何事先把自己的利害計算在內，再來決定如何應對。而在利害難斷之際，難免取決不下、畏縮不前，甚至為了一己的利害，做出違背公理正義之事，這都是人性的艱難醜陋之處。

惟有無我、忘我，才能擁一腔浩然正氣，在波濤洶湧之中，御風疾行，享「一點浩然氣，千里快哉風」之樂。

後記：

❶是非之心，人皆有之，但並非每一個人都敢堅持正道而行，有的人會畏懼對方有權有勢，不敢得罪；有時候也會顧慮己身的利害，不願當面為敵。一旦心思複雜起來，浩然正氣就不存在了。

❷有浩然氣、率性而行之人，往往被視為不識時務的白目之人，這是社會的悲哀。

10 蝜蝂之行，登高墜危

唐．柳宗元〈蝜蝂傳〉

蝜蝂者，善負小蟲也。行遇物，輒持取，卬其首負之。背愈重，雖困劇不止也。其背甚澀，物積因不散，卒躓仆，不能起。人或憐之，為去其負，苟能行，又持取如故。又好上高，極其力不已，至墜地死。

今世之嗜取者，遇貨不避，以厚其室，不知為己累也，唯恐其不積。及其怠而躓也，黜棄之，遷徙之，亦以病矣。苟能起，又不艾，日思高其位，大其祿，而貪取滋甚，以近於危墜，觀前之死亡不知戒。雖其形魁然大者也，其名人也，而智則小蟲也，亦足哀夫。

人的一生都從滿足生活所需開始，可是在滿足的過程中，往往會養成不斷追逐的習慣，因而就算生活上已經滿足，可是人往往追逐依舊，而成為貪婪貪取之輩，甚至因過度貪婪，而招致不可測之災禍。

柳宗元的〈蝜蝂傳〉寓言，可為借鏡。

這是唐代散文名家柳宗元的精鍊短文，全文從《爾雅》中記載的小蟲蝜蝂說起。蝜蝂是一種擅長背負東西的小蟲，遇到東西，就會把東西背到背上，因背上不平滑，背東西不會掉，而蝜蝂背了很多東西，疲累不堪，也不停止，最後終於跌倒。遇到有人可憐蝜蝂，幫牠把背負的東西拿掉，而蝜蝂又繼續背東西，且越爬越高，最後終於力不從心，墜地而死。

說完寓言，柳宗元筆鋒一轉，回到現實世界。當今社會中喜歡聚積財貨的人，遇財貨不嫌多，以厚實家底，從來不知過多的財貨會害己，等到財貨過多而被罷黜，被貶謫流放，受害很深。可是如果他能夠再起，又不改習慣，渴求高官厚祿，仍然持續貪取，而近於墜落的危險。

柳宗元感嘆，這種不斷積聚財富之人，雖然其樣貌是個人，可是其智商就像隻小蟲一般。

雖然我個人對於財貨沒有很多的欲望，只要生活上夠用就好，也不至慾壑難填的積極賺錢，可是在生活上也有一些與善負小蟲類似的現象。

有一段時間，我喜歡上家具擺飾的陶瓷碗盤，經常要在古玩市場、生活用品店流連忘返。出國時，也一定要去逛市集，有時甚至為了逛市集，還會更改行程，多留一、兩天，以致於家中陶瓷碗盤物滿為患。家中的牆上、桌上都擺滿了，可是我仍習性不改。

老婆是制止我的人，不斷告誡我，不可再買，因為家中已放不下，而且這種東西也沒什麼用。我先是虛與委蛇，而後繼續逛、繼續買。直到老婆生氣，每次逛街就緊迫盯人，在一旁制止購買，我才終於逐漸停止。

人是個奇怪的動物，很容易養成習慣，小到生活上的行為，會不斷重複做一件事，如喝咖啡；大至人生、工作、生涯中也會有類似的習慣，最明顯的就是財富、名位的追逐。職位越高越好、財富越多越好，一直到職位超過自己所能為、到財貨超過人生需求之必要，而不知中止。

一直要到災難發生，才後悔莫及，可是人一旦脫離困境，卻又追逐、積累如故。柳宗元的〈蝜蝂傳〉，可引以為戒。

後記：

❶社會上許多富有之人，財富已足以數代不愁吃穿，但卻仍然持續努力積極賺錢，甚至對許多應付的支出苛扣如故，真不知其所為何來。

❷這些有錢人除了持續努力積累財貨之外，往往還不知如何運用財富，只賺不花，最後，都留給後代子孫。

❸而後代子孫在享受富裕生活之餘，往往為富不仁，作惡多端，敗壞家門，形成悲劇。有錢，多數會帶來災難。

第二章

讓他三尺又何妨——國學中的為人之道

在現在高度競爭的社會中，任何事都要競爭，要競爭就要打敗別人，成就自我。而競爭就要凡事步步向前，逼退對手。

只是當我讀到六尺巷的故事，一句「讓他三尺又如何」，這是完全不一樣的人生思考，想的不是「進」，而是「退」，想的不是「爭」，而是「讓」，這讓我對人際關係有了截然不同的思考。

從此我人生中的爭執、吵鬧變少了，我的外界關係變好了，可是我的獲得也沒變少，原來「爭」並不會確保得到更多。

累似的經驗，在老子中，我學到要戒絕五件人生重大的劣行：目盲、耳聾、口爽、發狂、行妨。這些都是人生最基本的慾望，誰不喜歡美食，誰不喜歡美色，而不喜歡好音？但都要適當抑制，不可以縱情慾望，只會帶來災禍。

人也有不可忘之事，更有不可不忘之事。受人之惠，絕不可忘，要牢記於心；而施惠於人，則不可不忘，這是《戰國策》中的為人處世智慧。我終於知道過去為什麼我有恩於人，但卻無法與對方成為好友的原因。

在老子中，我學到勇於敢則殺，勇於不敢則活。太有自信、太有把握、凡事勇往直前，則容易失守；反之，知道害怕，凡事小心，則可全身而歸。

在林則徐說的話中，我學到了與下一輩相處的真理。林則徐說：不論子孫是不是像我一樣有才能，都不應該留錢給他們，因為子孫有才，留錢損其志，子孫無才，則增其害。

在國學中充斥著為人的道理。

1 目盲、耳聾、口爽、發狂、行妨

《老子・十二章》
五色令人目盲；五音令人耳聾；五味令人口爽；馳騁畋獵，令人心發狂；難得之貨，令人行妨。是以聖人為腹不為目，故去彼取此。

每個人都曾年少輕狂，年少輕狂的日子，離不開聲色犬馬的享樂，也離不開眼睛、耳朵、口腹的享受。一旦習慣了這種日子，人只會越陷越深，終至發狂、行妨、為所欲為。

可是，縱情享樂需要有足夠的財富支持，才能持續。因此，大多數人的享樂，是以自身的財富規模為界線，有多大的財富，為多大的享樂。

最難能可貴的是，擁有足夠的財富，而自己卻能知所節制，不致在縱情中迷失自己。

老子的這一段教誨，是人生重要的一課。

老子崇尚簡單生活，虛其心，弱其志，絢麗的色彩、紛雜的音樂、美好的口味、狩獵冶遊、稀有的貨品，只會令人目盲、耳聾、口爽、發狂、行妨。因此聖人但求生活溫飽，不追逐身外的誘惑。

這段目盲、耳聾、口爽的描述是我年輕時的寫照。我曾經擁有許多花襯衫，平日正常而規矩的我，掩不住想放浪出軌的心情，偶爾穿穿花襯衫，聊以告慰滿足驛動的心。

到了燈紅酒綠的聲色場所，也難免隨之起舞，在熱鬧歡欣的音樂聲中，真希望每天都能過這樣的日子。

我也喜歡吃，各種宴會場合、山珍海味，應有盡有。剛開始時，十分享受，也習慣這種享盡美食的日子。

隨著生活的改善，我的心越來越野、欲望越來越大。看到別人所擁有的，遠超過我所能期待，我開始會有不平、有怨恨，會有遐想，想嘗試一些不正常的手段，以獲得更多。

可是這種滿足耳目、口腹，令自己心發狂，不知不覺想要不擇手段討生活的日子，在我全心投入創業之後，幾乎完全戒絕了。

創業讓我投入了所有的金錢，因此我只能用最少的錢，過最簡單的日子，耳目口腹之欲幾乎完全戒絕。創業也讓我投入所有的時間和精力，我只能全心全意在工作中，完全不可能有任何的遐想。

對這種類似苦行僧的生活，我完全沒有怨言，因為在這之前，我曾經歷經目盲、耳聾、口爽、心發狂及行妨的日子。我認為人生是公平的，之前我過的是好日子，因而創業重回清苦的生活，這只是平衡。

可是日子久了，我逐漸習慣簡單的日子，因為我發覺在過去五光十色過生活時，我並沒有得到更多的快樂。以美食為例，當我每日山珍海味時，我的口味麻木了，任何好吃的食物，也就只是淡淡的感覺，要吃好吃的東西，口味只能越來越重。可是當我簡單的過日子時，我的口味變得極敏感，吃到稍微不同的食物，都美味異常。

因此當我創業稍微有成，手上寬裕之後，我仍然保持著過簡單的日子，但求溫飽而不追逐外在的聲色之娛，也不期待高價、稀有的貨品，這就是最大的生活滿足。

我曾經放浪，但後歸於平淡，才真正享受到人生。

後記：

❶三十四歲是我人生的分水嶺。之前我的工作是記者，到處受到各種採訪對象的逢迎與款待，要吃就吃最好的，要遊樂就享受最高級的，因此目盲、耳聾、口爽、行妨，我幾乎是無所不至。

❷可是三十四歲創業之後，一切回歸最簡單的生活，從此告別五光十色的生活。

❸在生活的轉換中，我從未感到難過，也不會貪戀過去的享樂，或許我原本就是習慣平淡的日子。

❹重點在於當我創業稍有成就，也有能力支持享樂之時，我並沒有重拾五光十色的日子，仍然過著簡單生活，這才可貴。

2 交友須帶三分俠氣

交友須帶三分俠氣，作人要存一點素心。

明・洪應明《菜根譚》

每個人都期待能交到知己之友，每個人也都希望擁有尊貴的朋友，能夠在人生上相互扶持。因此，每個人也都是挑三揀四的交朋友，希望交到職位、財產、成就都高的朋友，但這種心態真能交到好朋友嗎？

「交友須帶三分俠氣」是《菜根譚》中的名言，有俠氣，才有人味，才不致太功利、太計較，也才能有真朋友。

一九九九年底，台灣總統大選的前一年，仍是國民黨執政，一位國民黨前黨工寫了一本親身經歷的國民黨選舉買票實錄，前來我們出版社，詢問我們出版的可能。

我一看全書內容，指證歷歷、有憑有據，絕對可信，不禁油然而生正氣之心，恨不得立即把這不公不義之事公諸於世。可是我也不得不替作者的處境著想，因為此書一出，無疑是作者自己的買票犯罪告白，而且其罪刑仍然在追訴時效之內，只要查證屬實，作者將深陷囹圄。

我問作者，如此書出版因而坐牢，也無怨無悔嗎？他說當然最好不要坐牢，不過如果坐牢他也願意。

聽了這句話，我下定決心要出版此書。我告訴作者，我們會全力保護他，讓司法機關無法找到把柄，然後把這本書出版。

書出版之後，我們請了幾位律師做為法律顧問，以備不時之需，並把作者隱藏起來，讓司法機關傳喚不著。當然此書也引起了政壇的極大震撼，間接影響了第二年的選舉結果。

回溯這一段往事是要印證《菜根譚》書中的這兩句話：「交友須帶三分俠氣，作人要存一點素心。」

出版人與作者的關係就像朋友一般，要互相扶持、利害與共。朋友不能只挑有利的人交往，我們也會遇到有困難的人，也會遇到弱者，對這種有困難的朋友，我們更

要情義相挺，要有濟弱扶傾之心，用心去交往，這就是俠氣。俠者：盡一己之力，周濟窮困、扶助弱小也。我出版《買票懺悔錄》，不辭困難與作者患難與共，這就是帶著三分俠氣。

大多數人交友，或多或少帶有功利主義，希望交一些能力比自己強、地位比自己高，能夠在各方面提攜自己、幫助自己的人。《論語》有云：「無友不如己者」，也強調此一觀點。只是我們真能如此功利主義嗎？

答案是不可以，因為現在不如己，焉知未來一定不如己？一種能力不如己，焉知其他能力不會勝於己？因此交友之道，應源於緣分，順乎自然，遇見了就順理成章成為朋友。尤其當對方處在困頓患難之中，而我們能夠帶著「三分俠氣」情義相挺、衷心交往，這將會成為共患難的生死之交，成為真正的朋友。

三分俠氣必然有純淨的素心，做人能有素心、初心，當然就可以無怨無悔，自然與人交往了。素心與俠氣如一體之兩面，相得益彰，互為表裡。

後記：

❶交友只在一個「緣」字，兩個人就在某一個時空中遇見了；認識了，就成了朋友，一切就順其自然吧。

❷「俠」之意義是強者對弱者，對不如自己的朋友，對財富、地位較弱勢的朋友，對處在患難中的朋友，我們願意不離不棄，持續交往，甚至不惜毀家疏難，對弱勢的朋友伸出援手，這就是「俠氣」。交友就是要帶著幾分不計較的俠氣，才能無怨無悔的交往。

3 不忮不求，何用不臧

《論語・子罕》
子曰：「衣敝縕袍，與衣狐貉者立，而不恥者，其由也與！『不忮不求，何用不臧？』」子路終身誦之。子曰：「是道也，何足以臧？」

人生在世，最看不破的就是一個「比」字，比工作的成就，比財富的多寡，比學歷的高低，比老婆的美貌程度，等年紀大了，比下一代的成就如何。較諸別人更多、更好、更有優勢，則抬頭挺胸，志得意滿；比別人有所不足，則難免羞愧，自嘆不如。如果人看不開這個「比」字，則一生都為「比」所困，痛苦不堪。

每個人都有自己的路，只要走好自己的路，不要羨慕，不要比較，才會快活。

年輕當記者時，常採訪大老闆，他們華服豪車，相較於寒傖的我，我並沒有任何羞愧、羨慕、嫉妒之感，因為身分地位相差太遠。

但後來的一次經驗，卻讓我深受打擊。約略是在大學畢業十年之後，有一次老同學約我吃飯，他開了一輛賓士汽車來，還帶著司機。印象中他的家世一般，怎麼會忽然如此富有？

原來他一畢業就進了一家貿易公司學習，因緣際會認識了一些很欣賞他的國外大客戶。他在貿易公司做了幾年，就自立門戶，再加上趕上了貿易的大風潮，幾年之內就聚積了大量財富。

聽到這樣的劇情，我不禁慚愧起來，我還在領微薄的薪水，雖然在記者圈中，我小有名氣，也受到採訪對象的尊重，可是在財富上，我完全交了白卷，花費隨興的我，雖不至於寅吃卯糧，但幾乎沒有多餘的存款。

也不過歷經十年，和我同步出發的同學，已經在財富上進入另一個境界，我真是太不如了，應該徹底檢討。

有一段時間，我曾一直想如何快速致富，可是做新聞工作，領的是薪水，唯一能想的是省吃儉用，省點小錢；想發財，門都沒有！

轉換跑道，去創業嗎？沒準備好，也不敢輕舉妄動，只能繼續在內心煎熬。

一直到我讀到《論語》這一段話：「不忮不求，何用不臧。」我終於得到啟發。孔子說：「穿著破舊的衣服，與穿著狐皮貉皮衣服的人並肩而立，不會感到慚愧的人，大概只有子路了吧。如果能夠做到不嫉妒、不貪求，那做什麼事都能夠暢行無阻。」子路便經常複誦這句詩，孔子知道了，就告誡子路：「本來就應該這樣做，有什麼好稱道的？」

每一個人的人生走了不一樣的道路，也得到不一樣的成果。財富是最外顯的指標，也是大多數人想望的事，但財富不是人生唯一的價值，財富之外，還有許多事值得我們去追求。

表象的財富，華屋豪宅、鮮車怒馬，固然是傲人光彩的事，可是對旁觀的第三者而言，我們可以祝福他們的成就，但如果由此而生比較之心，就難免要陷入痛苦的深淵。

心生比較，對己則感不滿、慚愧，對人則是羨慕、嫉妒。如果進而想積極有所作為，難免抄捷徑、走近路，而有造次之舉，都會招致災難。

正確的方法是認同自己的人生，不要一味比較財富，不嫉妒、不企求不應得的財富，探索自己的專長與人生價值，走出不同的路來。

後記：

❶人生最外顯的指標，就是財富，而代表財富最具體的象徵，就是車子，擁有一輛豪華雙B進口轎車，往往就覺得高人一等，這是最世俗的指標。

❷對我而言，汽車只是代步的工具，不須講究豪華，可是也有朋友提醒：「你好歹也代表了公司，如果不開好一點的車子，人家也會看輕你的公司。」我想想也對，才換了輛車子，我自己可以不怕比，也不比較，但是代表公司，只好隨緣。

4 不可忘與不可不忘

《戰國策・魏策・唐雎說信陵君》
信陵君殺晉鄙，救邯鄲，破秦人，存趙國，趙王自郊迎。唐雎謂信陵君曰：「臣聞之曰，事有不可知者，有不可不知者；有不可忘者，有不可不忘者。」信陵君曰：「何謂也？」對曰：「人之憎我也，不可不知也；吾憎人也，不可得而知也。人之有德於我也，不可忘也；吾有德於人也，不可不忘也。今君殺晉鄙，救邯鄲，破秦人，存趙國，此大德也。今趙王自郊迎，卒然見趙王，臣願君忘之也。」信陵君曰：「無忌謹受教。」

人生是一筆算不清楚的帳，不是我們有恩於人，就是我們受恩於人，有恩與受恩，差之毫釐，失諸千里。

有時候，我們還不見得是有恩與受恩的關係。可能我們只是主觀的對別人

好一點，我們就會期待別人投桃報李，也對我們好一點，只是人與人的關係，未必都會得到相對的回報。

這是《戰國策》中，唐雎說教信陵君的故事。對於別人討厭我們，我們一定要事先知道，以自我調整改善，或避免接觸；而對我們所討厭的人，我們應該放在心中，不可說出來讓別人知道。一旦別人知道被我們討厭，他心中一定不舒服，也難免對我們有所成見，這是不可知與不可不知。

至於不可忘與不可不忘，那就有更深遠的寓意。人應該飲水思源、知所回報，因此對於別人的幫助，一定要永遠牢記在心，不可或忘。甚至更應不只牢記在心，還要找適當的機會回報，如果一時找不到回報的機會，那也不能忘記，時常表示口頭的感謝，因為只要說出口，讓對方知道自己的心意，彼此的意思也就到了。

而不可不忘，則有更大的學問。我們對幫別人的忙，有恩於他人，這只是單純的善心與善意，也是最崇高的境界。因此最好的心態是，有恩有德於人，過手即忘，不放在心中，也絕口不提。

信陵君破秦人，救邯鄲，存趙國，這是對趙國存大恩，因此趙王出郊遠迎，表示感謝，是理所當然之事。但唐雎勸信陵君，要忘記對趙國之恩，謙虛以對，要雲淡風輕，事過即忘，這是為人處世的最高境界，即有恩於人，不可不忘。

反之，若有恩於人，心常念之、嘴上常說，這代表了自己有恩望報之心，不但讓自己的施恩變成有動機的作為，而不是施恩不忘報的單純善行。

如果傳到受恩者耳中，這無異「討人情」，而接受恩惠的人欠了人情，卻不知回報，還落得別人來討，將被視為是個不懂人情義理之人。一旦這樣，兩人的關係一定變質，不但人情不是人情，還會產生不必要的爭議。

人生在世，不是受恩於人，就是有恩於人。

受恩於人不可忘，要常存於心、說出於口、回報於行，這才是真正對施恩者的感激。

有恩於人，只能埋藏在心靈深處，不可說之於口，若受恩者有感謝之意，也要不居功、謙虛以對，若遇回報，更要委婉拒絕，這才是正確的立身之道。

後記：

我曾經對一個人很好，也幫了他一些忙，因此我認為他應是我最好的朋友，我也自覺得如果有必要，他應該也會幫我的忙。有一次我真的需要他幫忙，可是他並未如我的預期，幫我的忙，我因此非常生氣，對他十分不諒解。從此之後，我開始疏遠他，兩人從此行同陌路。這就是我施恩望報的結局，如果我忘了對他的好處，也不望報，其結果應會完全不一樣，也不致於最後連朋友也當不成。

5 我與城北徐公孰美

《戰國策．齊策．鄒忌諷齊王納諫》

鄒忌修八尺有餘，而行貌昳麗。朝服衣冠，窺鏡，謂其妻曰：「我孰與城北徐公美？」其妻曰：「君美甚，徐公何能及公也！」……忌不自信，而復問其妾：「吾孰與徐公美？」妾曰：「徐公何能及君也！」旦日，客從外來，與坐談，問之客曰：「吾與徐公孰美？」客曰：「徐公不若君之美也！」……暮寢而思之曰：「吾妻之美我者，私我也；妾之美我者，畏我也；客之美我者，欲有求於我也。」

當我們有求於人，一定會刻意說一些對方喜歡聽的話，以取悅對方。就算我們無求於人，遇到不相干的人，我們大概也不至於說一些激怒對方的話；如有可能，我們也會順著對方的意見說話，以免帶來不必要的衝突。

因此，人與人之間，大家都儘可能互相配合，順著對方的意思說話，而這樣的溝通方式，也可能造成人與人之間，互相自我感覺良好，自以為是而不自知。

身為媒體人，經常有文章刊登在媒體上，因此在公眾場合，有人一交換名片，看到「何飛鵬」三個字，就一副期待仰慕的樣子，「我們時常讀你的文章，」「我們從你的文章得到許多啟發。」或者，「我們公司常影印你的文章給所有員工傳閱，」「我們老闆最喜歡你寫的文章了。」

每次聽到這樣的說法，我都渾身不自在，因為真實性不可知，真假莫辨，我只能微笑以對、稱謝，從來不敢把這些話當真。

有時候我也會故意測試一下這些話的真實性。「那最近看了我寫的哪些文章啊？」有的人真的就會明確說出讀了哪些文章。但是十個有六、七個都只能支吾以對，顯然他們並沒有真正看了我寫的文章。

這就說明了一個事實，人在江湖，大家都選好聽的話說，大家會預測你的期待，而盡可能的說你想聽的話、喜歡聽的話，以取悅於你，以營造一種愉悅的氣氛。如果人家有求於你，那就更會處心積慮對你說好話，而真正高明的人，還會把好聽的話說得雲淡風清，不露痕跡，以免引起你的警覺。

文人好名，我也必然。誇讚我的文章好，只能當場面話聽，絕不可以真的自以為是，而沾沾自喜，一定要有古人鄒忌的警覺性，不可以把好話當真。

《戰國策》的〈齊策〉中，記載了鄒忌諷齊王納諫的故事。鄒忌是八尺美男子，問老婆：他與城北徐公孰美？老婆說，鄒忌較美。又問妾：孰美？妾也說是鄒忌美。他還是不信，來了一位客人，他再問客人孰美？客人又回答鄒忌較美。後來徐公來了，鄒忌仔細看，自己遠不如徐公美，於是有所體會，老婆偏愛他、妾害怕他，而客人有求於他，所以說好話、取悅於他。

鄒忌於是把這個故事說給齊王聽，勸齊王不要只聽好話，齊王聽了果然廣開言路，納諫改過，齊國國勢大盛。

人生在世，不能只喜歡聽好聽的話，更應聽真話。每個人都有一些缺點，缺點一定要有人指正，我們才會知道，也才能改正。這時候要有人願意講真話，講我們不喜歡聽的話，而且我們聽了還要不生氣、願意聽、願意改，這樣才會進步。

否則人若沉湎於「與徐公孰美」的情緒中，永遠不會改變。

後記：

❶我與城北徐公孰美的故事告訴我們，人與人之間，永遠存在著阿諛之詞，對別人的美言，永遠不應信以為真，也不應認為自己就可當此美言。

❷我們不應該只聽好話，更應該有度量聽不中聽的話。別人願當著我們的面談不好聽的話，對方會冒著得罪我們的風險，而他們仍願意說，一定有其道理，對逆耳直言，我們更應該珍惜。

6 子孫若如我，留錢做什麼？

清・林則徐：「子孫若如我，留錢做什麼？賢而多財，則損其志；子孫不如我，留錢做什麼？愚而多財，益增其過。」

社會上三不五時就傳出「富二代」不可思議的炫富作為，尤有甚者，更會傳出「富二代」自恃其家世背景，而有為非做歹的行為。每次看到這種新聞，我都感覺到，財富沒有給他們帶來福分，反而給他們帶來災難，富有的人不可不引以為戒。

林則徐這副對聯，真是千古名言。

小女兒出國之前，我告訴她，只要她還在念書就學，我就會一直負擔她的生活及學費。可是一旦畢業，就要自己工作賺錢，我會停止所有的財務支援。

她在大學畢業後，決定要先工作一段時間再繼續深造，為此她還先向我溝通，請我通融，在她深造時，繼續財務支援。因為她的認真溝通，我答應了。

對下一代，我原本的態度是不留任何財產給她們，只不過這些年來，台灣的房地產高漲，而我的女兒每天沒日沒夜的上班，所領的薪水也僅能餬口，要想買房，根本不可能。因此我放寬了標準，決定留一戶可以棲身的房子給她們，但除此之外，也不會再有了。

給女兒一戶可以棲身的房子，其實有謝罪的意思，我們這一代形塑了一個不公平的環境，讓下一代買不起房子，這難道不是我們的錯嗎？但這也就是我為了下一代努力的極限了。

從小到大，我看遍了富豪之家的朱門恩怨。不論父母親給了多少財產，下一代的不肖子永遠會覺得不足，永遠會為了得到更多而刀兵相見、對簿公堂，讓親情蕩然無存。這是家族最大的悲哀，也確立了我對下一代不留財產的想法，讓她們無所爭，也不須爭。

其次，我的一生從一無所有出發，我媽媽只給了我好的身教、言教，讓我無憂無慮的完成大學教育，然後就靠我自己努力打拚、工作，終於能倖免於被社會吞沒，總算能有一席立錐之地。這讓我相信天無絕人之路，只要一個人肯努力，一定可以走出來。因此我也相信我的下一代，她們也應如是，要靠自己的雙手、雙腳走出自己的路來。而父母唯一該做的事，就是給他們好的身教，讓他們明辨是非，然後扶養他們到學業完成為止。

清朝前賢林則徐祠堂前有一副對聯：「子孫若如我，留錢做什麼？賢而多財，則損其志；子孫不如我，留錢做什麼？愚而多財，益增其過。」

這真是千古名言，值得所有為人父母者思考。對賢而多才的子孫，他自食其力，絕無問題，只不過當父母親留下財產給他時，只會減少他服務社會、探索人生的動力，而使他的能力無從發揮。當一個人缺乏了飢餓意識，就會傾向過輕鬆寫意的日子，缺乏成就動機。

反之，愚而多財，當手上的錢多了，做出荒唐行為的可能性也就增加了，對一個不知自我節制的人，手中的財富是他犯錯的籌碼，也是他一生災難的開始。然而就算沒有導致災難，也是難免「富不過三代」的結局。

父母親留下財產的愛心，總歸是過眼雲煙而已，別再重複這種傻事了。

後記：

❶人生最大的悲劇，就是上一代兢兢業業，努力累積了財富，好不容易提供了下一代無虞的生活，結果被下一代敗壞了所有的家產，甚至成為下一次為惡的依恃。財富如果沒有好好運用，往往成為下一代的災難。

❷給下一代好的教育，養成他們好的生活習慣，絕對是必要的。至於錢財，只要能維持最基本的生活開銷即可。

7 慢則不勵精，險躁不治性

三國・諸葛亮〈誡子書〉

夫君子之行，靜以修身，儉以養德，非淡泊無以明志，非寧靜無以致遠。夫學須靜也，才須學也，非學無以廣才，非志無以成學。淫慢則不能勵精，險躁則不能治性。年與時馳，意與日去，遂成枯落，多不接世，悲守窮廬，將復何及！

諸葛亮是流傳千古的聰明人，可是他的聰明不能流傳，他只留下八十六字的〈誡子書〉，以告誡其子諸葛瞻，期待其子須靜須學，才不致於一輩子一事無成，後悔莫及。

諸葛亮要求其子，要以靜修身，以儉養德，要心性淡泊才能明志，要保持寧靜，才能致遠，為其子規劃了無所欲求的一生。

這是諸葛亮臨終前給兒子諸葛瞻的一封家書，殷殷告誡要兒子能行君子之道，要能修養身心，立志學習。如果不能看淡身外的名利，就無法立定自己的志向；不心靈寂靜，就無法到達遠大的目標。

學習必須靜下心來，才能專心，也唯有學習才能有才，要多學才能擴張自己的才能，而學習一定要立志，才可有成。

驕傲一定怠慢，導致無法精益求精學習；急躁冒進就無法理性的看待事物，也不能陶冶心性。若長此以往，隨著年歲飛逝，意志日益消沉，人生因此零落，不能融入社會，只能悲情守著窮困的居舍，那就後悔莫及。

諸葛亮這八十六字〈誡子書〉，道盡了為人處世的基本道理，也給了我深刻的體會。

在我當記者七年之後，已經升成小主管，而且十分熟悉採訪線上所有的情況，我變得十分狂妄自大，行事作為難免驕縱怠慢。面對每一次的採訪，我不再小心謹慎，經常沒有完整的事前準備，就直接上陣，以致於偶爾會發生一些不可控制的意外狀況。每天的採訪工作，我通常也沒有認真執行，只是到受訪的單位逛一圈，應付一下。因此那幾年中，我完全沒有進步，我的工作能力、專業知識，停滯在原有的水準，這種現象不就是印證了「淫慢不能勵精」這句話嗎？

也因為傲慢自大，這些年中，我做起事來，也常因自覺很有把握，以至於行險躁進，常常在還沒有準備完善的情況下，就大膽從事。有時候雖然能驚險過關，但也常陷入進退兩難的險境，而處於險境中的我，更難免脾氣暴躁，令人覺得面目可憎，這也是印證了「險躁不能治性」的下一句話。

所幸在歷經幾年的自以為是記者生涯之後，我深覺不能再蹉跎時光，決定辭職創業，終於讓我脫離了「慢則不勵精，險躁不治性」的情境。

這兩句話，最適合在人生的順境中自我檢點。當我們做事沒把握時，一定小心謹慎，努力學習。可是一旦小有所成，難免自以為是，不再學習，再如果得到外界的謬賞，自認為是專業達人，更易驕傲自大，做起事來，就少了敬天畏人之心，貪圖便利，行險躁進，為自己埋下禍害而不自知。

諸葛亮的〈誡子書〉，不只可誡子，更可誡己，人人皆可揣摩體會。

後記：

❶「諸葛一生惟謹慎」，諸葛亮一生永遠小心謀劃所有事情，絕不行險冒進，這是諸葛亮一生能永保安康的原因，在他的〈誡子書〉中，也告誡下一代，不可淫慢，要小心從事。

❷人在順境中，難免自以為是，驕傲自大，也就不會兢兢業業，持續自我磨練，荒廢了應有的修練。

❸人應一步一腳印，凡事按部就班來，一旦行險躁進，就難免處在危險中。

8 勇於不敢則活

《老子・七十三章》

勇於敢則殺，勇於不敢則活。此兩者，或利或害。天之所惡，孰知其故？

當一個人無所懼、無所畏時，他就可以一切為所欲為，而一旦為所欲為，則難免會跨越社會容忍的底線，也可能會侵犯法律允許的範圍，這個人必然為此要付出代價。因此，人不可無懼，不可太勇敢、太放肆，這就是老子所說「勇於不敢則活」的道理。

我曾有許多慘痛的經驗，每當我有成功的經驗之後，極可能就會緊接著嘗到失敗的苦果，雖然失敗的苦果未必一定會吃掉所有成功的果實，但只要是失敗的經驗，總是不愉快的經驗。

經驗多了，總會自我檢討，為何失敗總會伴著成功而來？

當我有了成功的經驗之後，人總難免處在得意的狀況下，做起事來，明快果決不加思索，躊躇滿志下的決定，自然難免倉卒不周延，這就種下了失敗的初始禍因。

我曾經出版過許多的暢銷書，在我出版暢銷書之後，我對自己的市場眼光及把握度都相對充滿自信，在洽談版權條件時，會不自覺的大方起來，以致提高了平損點的成本，自然失手率也就升高了。

我曾經要求財務人員統計出版品的版權條件，發覺在暢銷書出版之後的平均版權條件相對提高，而且規格越大的暢銷書，之後的版權條件也越高。

我把這種現象稱為出版暢銷書之後的「大頭症候群」。

成功經驗除了導致心態上的心高氣傲、志得意滿之外，也會造成工作上的輕忽與隨興，不會仔細的照顧每一個細節，使原本簡單執行的工作，都出現犯錯的可能，這也是另一種成功經驗失敗症候群。

《老子．七十三章》也道盡了其中的道理，勇敢大膽的人就容易死；害怕膽小、柔弱小心的人往往就可以存活。這兩種勇敢的結果，有的因而得利，有的因而受害，天道到底厭惡什麼？誰也不知道。

當我讀到老子這一章時，對成功症候群有豁然開朗的啟發。原因是剛歷經成功之後，人難免大膽起來，覺得自己英明神武，做任何事都相對有把握，一切率性而為。

當心中沒有懼怕，缺乏敬天畏人之心，堅強自信使人陷於危險中，而不自知，故云：堅強者死之徒。

反之，心中有所畏懼，小心謹慎的人，這雖然是膽小柔弱的表現，但這種人往往是能夠歷經艱險困頓的環境而活下來的人。所以說，柔弱者生之徒。

每一個人在做人處世上，要勇往向前，但不能一味勇敢妄為，要在積極中常存敬畏之心，要「勇於不敢」，才能避險存活。

後記：

❶勇敢大膽的人，勇於放手作為，因而容易死，這句話並不是鼓勵所有的人要膽小怕事，苟且偷生，而是在行動前要慎始敬終，小心謹慎。

❷「勇於不敢」和膽小怕事，是不同的。
❸勇於不敢是要我們不可過度自信，心高氣傲，志得意滿，凡事要敬天畏人。

9 讓他三尺又何妨？

清・張英：「千里修書只為牆，讓他三尺又何妨？長城萬里今猶在，不見當年秦始皇。」

人在江湖，難免競爭，以致於激起人內心的鬥性，而人的鬥性一旦被激起，就會進入只能向前，絕不後退的單行道；人與人的爭執、吵架，甚至橫刀相向，就在所難免。

在生活上，如何避免一些不必要的爭執，需要退一步的思考，六尺巷的故事，是好的啟發。

在中國安徽省桐城市有一處歷史有名的古蹟，名曰「六尺巷」，相傳是清朝康熙時大學士張英的老家，當時張英的家人重修府邸時，與鄰居發生爭執，於是家人寫信給當時在朝為官的張英，期望能透過張英得到地方官吏的支持。

張英收信之後，只回詩一首：千里修書只為牆，讓他三尺又何妨？長城萬里今猶在，不見當年秦始皇。

家人在收信後，決定把院牆後退三尺，不再與鄰居爭執，鄰居知道後，也向後退讓三尺，因而空出一條六尺的巷道，六尺巷因而得名。

這是雙方互相禮讓而得到圓滿結果的故事。可是在現實生活中，我們也能有「讓他三尺又何妨」的度量嗎？

人性是習慣積極進取的。我的兩個小孫子，從小就爭吵不休，兩個人各玩一個玩具，要不了一會兒，就變成兩個人爭搶一個玩具，另一個玩具兩個人都不要，不得不勞動大人排解紛爭。

這種積極相爭的習慣會伴隨人一輩子。我小時候就常聽姊姊們爭吵，抱怨媽媽偏心，對某個姊姊比較好，而媽媽總是說：「等你們長大了，為人父母，你們就知道媽媽會不會偏心。」可是姊姊們都不相信，還是抱怨媽媽偏心。

年輕時，我也有這種力爭到底的脾氣，要讓我退一步是不可能的，最常出現的爭執，通常發生在開車時。

有一次在馬路上騎車，我發覺身邊有一輛車子超車，而就在超車時，那位駕駛搖下窗子，罵我阻擋了他的路線。我忍不下這口氣，立即加足馬力趕上前去，並在號誌燈前把他攔下來，最後免不了一陣大吵，還動起拳腳，一直到雙方都負傷時，才善罷甘休。

這種馬路上的爭吵、動手，在我五十歲以前不斷發生，那時候我都只看到自己的道理，覺得自己有理，從來不會從對方的角度想一想，而且心中完全沒有「讓」的念頭。

我自認是合理的人，很理性思考，只拿該我的，不拿不該我的。因此我一旦發覺別人占我便宜，拿了該我的那一份，我通常會暴跳如雷，不惜一切，力爭到底。因此年輕時，常與人起爭執，以致於被認為是不好相處的人。

直到年紀稍長，我終於理解，我所想的、我所見的都未必對。我不能太主觀的相信自己，也應該易地而處，換位思考一下，要替對方想一想，何必凡事都鑽牛角尖，有時候讓一下別人又何妨呢？

當我知道退讓的道理之後，這世界都變了，我也感受到別人善意的回應，我也看到自己過去的固執。我知道，能夠「讓」，代表了我有肚量、有胸襟，寧可自己拿少些，也不要出言相爭。「讓他三尺又何妨」成了我的信念。

後記：

❶在職場、商場上的競爭，有時候在所難免，但這種競爭，也要在合乎常情、常理的遊戲規則下競爭，不可出違背規則的惡招。

❷許多的爭執，都是因為雙方都往前進了一步，當然只有面對面互撞，其實如果雙方都能掌握合理的分寸，就不用爭執，這時候退一步的思考就是解方。

第三章

毋意、毋必、毋固、毋我——國學中的做事方法

每個人做事的方法都不一樣，而且許多事只要學會好的方法，就會事半功倍；在中國傳統的國學中，也不乏做事的智慧。

孔夫子說，人不要做四件事：毋意、毋必、毋固、毋我。這是我們做事時常會產生的四種情境：主觀臆測別人的動機，形成既定的成見；武斷的判斷事情的發展，而致出現錯誤；自以為是，固執己見；還會以自我為中心，形成本位主義。

我不時會檢討這四件事，看看在工作中我會不會犯這些毛病。

《莊子》中講到好的鬥雞，要形神內斂，呆若木雞一般。這也使我在面對競爭時，絕對不會外露情緒，總是以最平靜的心情面對競賽。

老子說：「千里之行，始於足下」。這句話讓我做任何事，都會兢兢業業從最基本的地方開始做起，要有耐心的一步步往上堆砌。心中雖然想立即有所成，可是理智告訴我，這是不切實際的。

孟子說：人有不虞之譽，也會有求全之毀。這樣我遇到過度的讚譽時，知道這是不正確的，我不能相信自己有這麼好。同樣的，當我遇到不可預期的責難時，我也能一笑而過，因為這可能是求全之毀。

在中國傳統國學典籍中，比較多的是做事的心法，教我們如何看待人、事、物、工作，但對我們的學習成長已十分受用。

1 毋意、毋必、毋固、毋我

《論語・子罕》
子絕四：毋意，毋必，毋固，毋我。

人生的成長，就是體認這世界不見得照著我們的期待運轉，我們雖然有主觀的想法期待，但是人生不如意事常十之八九，我們不可能一切以自己為中心，要這世界配合自己來運作。

調整自己的心性，順著外在環境，才能水到渠成。

孔子絕對避免四件事：他不主觀臆測事情的來龍去脈；絕不設定必定要實現的期望；也不固執自己的成見；更不會以自我為中心，無視於他人的存在。

這是四件人人常犯的毛病，也是每個人很難達成的境界。

有一次我去美國旅行，要從紐約飛回台北，結果當我到達機場時，發覺看錯時間，我預訂的是前一天的班機，竟然晚了一天才去。我不得已只好另行訂位，沒想到，之後幾天的班機都客滿，我只能訂到五天後的回台班機。

我完全不能接受這個事實，怎麼可能在紐約多待五天呢？

我打電話回台北交代祕書，想盡各種辦法訂位。我猜測航空公司一定有保留座位在手上，只要找到關係、找到門路，一定可以提前回台。我幾乎動用了所有的關係、找了所有可能的關說對象，但都徒勞無功，座位訂滿了，沒人取消，就沒有位子，我只能每天在現場候補。

在等待的第一天，我極端憤怒，完全不能原諒自己，我怎會看錯時間呢？怎會錯過班機呢？而當聽到要五天後才能有機位時，我直覺的認為，一定有方法提早訂到機位，我一定可以找到門路，我不可能在紐約多住五天的。

就這樣過了一天，第二天祕書從台北傳來消息，她已經找了所有關係，包括航空公司的高階主管，但因暑假期間，台美航線幾乎是班班客滿，所以擠不出位子，只能候補。

我真是難過極了，我感到無助，也感到痛苦。我看不慣所有的事，我抱怨自己，我的職位不夠高，我的影響力不夠大，我認識的人不夠多，否則我一定可以找到機位，可以早一點回台灣。

到了第三天，我已經徹底絕望了，只好跟現實妥協，我只好開始轉念：我真有那麼急著回台北嗎？公司的事反正電話、郵箱都可以解決，也不會影響工作，我就當多休幾天假，乘機在紐約多看看、多走走、多玩玩，也沒什麼不好。

當我體會到這個結果時，一切都改變了。我有兩天半的時間，重新認識紐約，放寬心情，忘記所有的不如意、不愉快，好好的玩玩、看看、走走。

這次的經驗，我就犯了孔子戒絕的這四種事：我主觀的臆測航空公司一定有機會；我務必要早一點回台北；我完全以自我為中心，完全不替別人想；我固執己見，無視於機位客滿的現實。

放開自我的本位主義吧！別固執己見，承認客觀的事實，我們才能活得自在、快樂些。

後記：

❶人活在世界，難免一切以自己為中心，用自己的眼光來看世界，對任何事都會有自己的判斷，也會以自己的意願來設定各種期待，更會固執自己成見。可是，世界未必按我們的想法來運行，如果我們犯了「意、必、固、我」這四項我執，人生將會痛苦不堪。

❷要「毋意，毋必，毋固，毋我」，還有另一層意思，是這世界應有別人的存在，未必「我」一定對，我之外還要照顧別人的想法，別人的期待，我們要永遠記住「這世界還有別人」。

2 用之則行，舍之則藏

《論語．述而》

子謂顏淵曰：「用之則行，舍之則藏。唯我與爾有是夫！」子路曰：「子行三軍，則誰與？」子曰：「暴虎馮河，死而無悔者，吾不與也。必也臨事而懼，好謀而成者也！」

人生不可能永遠處在顛峰，也不可能永遠在順境中，人永遠要學會在順境中如何自處，也要學會在逆境中如何自我調適，自我排遣。

「用之則行，舍之則藏」是中國最古老的經典之一：《論語》中的智慧話語，數千年來，無數人用此箴言，以自我調適，每一個人都應仔細品味這兩句話。

一個年輕人離職前來看我，態度上有一些遺憾。他在我們公司工作了兩年，前半年表現極佳，很快就獲得主管的賞識，負責極重要的工作，可是後來有些事進行得不太順利，因而被調職到非主流的工作。

面對職位的調動，這位年輕人一直不適應，覺得被冷落，有志難伸，私下也多所抱怨，工作更是有一搭沒一搭，完全提不起勁來。

他的主管曾經向我求救，希望我開導他，我當然照辦，只是在整個談話過程，他不發一語，表面上對我說的話點頭稱是，但我知道他並沒有聽進去，他的「我執」太深了。果然過了沒多久，他就辭職了。

職場工作就和人生一般，有順境、逆境，當機會來了，有人賞識的時候，我們就應該「用之則行」，拿出渾身本事，好好發揮，盡其可能做出成果。如果無人賞識，未能被重用，那我們就應該「舍之則藏」，暫時沉潛退隱，把自己的本事和抱負隱藏起來，等待他日有機會重出江湖。

這就是孔子與弟子顏淵及子路的對話，孔子誇讚顏淵能「行藏用舍」，可是引來子路的不滿。子路問孔子：「老師若統帥三軍，要和誰一起去呢？」孔子回說：「赤手空拳打老虎、徒步過河，死了也不後悔的人，我是不會和這種人一起去打仗的。一定是要面對事情會戒慎恐懼、善於謀畫又能決斷的人，我才會與他共事。」

子路是個大膽用事的人，任何事都積極進取，就算時空環境不佳，他也會大膽前進，因此孔子告誡他不可暴虎馮河，要戒慎恐懼，仔細謀畫。

「用之則行，舍之則藏」是職場工作的箴言。我記得剛當記者時，受命採訪的單位都是不重要的機構，眼看別人每天的新聞都很重要、很熱鬧，只有我不太有空間發揮。這時候我不能哀怨、也不能抱怨，我只能在這些邊緣機構上地毯式的挖掘新聞，耐著性子，等待機會。果真一、兩個月之後，我採訪的冷衙門終於發生了大事，而我過去幾個月默默耕耘打下的基礎，也讓我能好好表現一番，每天不斷的獨家新聞、連篇的深度報導，我立即成為眾所矚目的明星記者。

「用之則行」，說來做來都容易，難的是「舍之則藏」。要在不被重用時，沉得住氣，持續積極而健康的投入工作，並且努力的自我學習，等待機會，適時出擊，這需要耐性、智慧與過人的毅力、勇氣。

後記：

❶這兩句話的重點在第二句「舍之則藏」，在不被重用時，要能沉得住氣，能健康而正向的持續工作，這需要極大的自我控制。

❷在「舍之則藏」時，絕不可以有不遜的抱怨話語，要能雲淡風輕，視一切為當然。如果真的沒有太大的空間發揮，就自己去進修一些專業技能，把精力用在學習上，不要浪費了時間。

3 形神內斂，呆若木雞

《莊子・達生》

紀渻子為王養鬭雞。十日而問：「雞已乎？」曰：「未也，方虛憍而恃氣。」十日又問，曰：「未也，猶應嚮景。」十日又問，曰：「未也，猶疾視而盛氣。」十日又問，曰：「幾矣，雞雖有鳴者，已無變矣，望之似木雞矣，其德全矣。異雞無敢應者，反走矣。」

人生是一場場永無休止的競賽，有時候會有面對面的對手，有時候會和許多人一起競賽，而奪冠者只能有一人，除了能力與實力，會左右競賽結果以外，臨場的經驗與態度，也是競賽勝負的關鍵，而什麼樣的態度，才能致勝呢？

《莊子・達生》有關鬥雞的形容，形神內斂，呆若木雞，提供了極佳的思考。

紀渻子替周宣王養雞。周宣王十天就問：「雞可以鬥了嗎？」紀渻子回：「不行，雞還驕昂而恃氣。」十天又問，紀渻子回說：「不行，聽到聲音、見到影像就起回應。」再過十天又問，紀渻子回說：「還不行，牠的眼中還有怒氣，盛氣十足。」又十天問，紀渻子回說：「差不多了，別的雞雖然鳴叫，牠已不為所動，看起來就像隻木雞，鬥雞的能力已經完備。其他的雞見了都不敢應戰，反而都逃跑了。」

這是莊子談人的精神修養，藉由鬥雞的訓練，表示一隻善鬥的雞，一定要訓練到內外專一，形神內斂，遇對手如不見，就像一隻木雞一般，就不鬥自勝了。

我常遭遇競賽的場合：打高爾夫球，與球友小賭添趣味；商場上難免競爭，也會遇到面對面競爭的對手；談判桌上，更是言語攻防，絞盡心智，期待得到較有利的結局。這些場合都會遇到各式各樣的對手，有的盛氣凌人，鬥性堅強；有的溫文儒雅，不疾不徐；有的面無表情，喜怒不形於色。

在各種對手中，我最害怕遇到外表看似平凡老實的人，這種人容易讓人放鬆、降低戒心，可是交手後，發覺他們竟然是老謀深算，精明不外露，讓對手早就居於下風，只能苦戰力求翻盤。

而面無表情、喜怒不形於色的對手，更為可怕，因為從外表及行為上，完全推測不出他們真正的目的何在，也不易探知他們的實力如何、談判的底線又如何，即使我們使出各種挑逗式的行為，他們可能也不為所動。這會讓對手不知所措，只能見招拆招，臨機應變。

這兩種人都合乎莊子「呆若木雞」的特質。前者用單純老實的外表，這可能是多年修練而得，才能收斂起精明的鋒芒，偽裝出樸實的行為，或者他們早已將老實內化為一體，根本就無須偽裝。

而面無表情，喜怒不形於色的人，更是標準的木雞。對外在的情境變化、對手的行為，完全視而不見，凝神聚精，等待關鍵性奮力一搏，精準回擊，這是更可怕的對手。

「呆若木雞」也是我個人追逐的修養，不要好鬥，不要見競賽就興奮、見對手就張牙舞爪，在賽前要抑制自己的興奮之情，冷靜自己的情緒，更不要有言語的交鋒與挑釁。過度的情緒反應，只會讓自己陷入激動，無法冷靜以對，這需要極深刻的自我約束，專心致志才能達到。

後記：

競賽的勝負，除了本身的實力之外，臨場表現也影響極大，如果面對競賽時容易被對方的行為言語所激怒，或者不自覺的陷入興奮的情緒，都會影響臨場表現。

4 圖難於其易，為大於其細

《老子・六十三章》
為無為，事無事，味無味。大小多少，報怨以德。圖難於其易，為大於其細；天下難事必作於易，天下大事必作於細。是以聖人終不為大，故能成其大。夫輕諾必寡信，多易必多難。是以聖人猶難之，故終無難矣。

每個人都想做難事、做大事，完成難事與大事，才能顯現自己的能力與價值，但是要如何才能做成難事與大事呢？

難事一定是由許多複雜的結構組成，大事一定可以切割成細小的部分，因此要做難的事，必定挑其中簡單的結構下手，而要做大的事，也可以從小的部分開始。

年輕時學任何事，缺乏耐性，往往學一下，就覺得已經學會，急著去學更難的事。可是學了更難的事後，卻往往七手八腳，不易學會，最後才發覺，原來是入門的基本動作沒好好學；只因為我輕忽容易的事，就沒有認真學、仔細學，最終無法探究更高的領域。

年輕的時候，也好大喜功，喜歡做大事，妄想做大事，當老闆分配了不重要的事給我做時，我會很沮喪，覺得被老闆看輕了，也很羨慕別人分配到重要的工作。可是這是沒辦法的事，我仍然只能認分的去做不重要的事，可是當我做多了不重要的事後，慢慢的，我就逐漸被分配到更重要的事情了。

我發覺，把分配到的工作做好，是被認同的關鍵。不論是大事或小事，是重要的事或不重要的事，一定都要認真做、好好做，一旦我順利完成，老闆都會給予獎勵，有時是口頭的肯定，有時也會有實質的回報，並不因為我做的是不重要的事，就被輕忽。我逐漸明白，工作雖輕重有別，但做好是唯一重要的事。

尤其當我讀到《老子》第六十三章時，我更體會到小大、難易的真諦。老子說：「大生於小，多起於少。處理困難的事，要從容易的下手；要實現高遠的大事，要從細微之處入手。天下的難事，從簡單容易的事做起；大事，則從小事著手。偉大的人，始終不會自以為大，也不會自以為重要，所以他們能成就偉大的事。」輕率的答應承諾，真正能做到實踐的一定不多；把事情看得太容易，一定會遭遇許多意想不到的困難，因此做事情一定要謹慎應對，寧可看得困難一些，才能夠真正免於困難。

「圖難於其易，為大於其細」，從容易的事開始、從細微的事著手；這是人生為人處世不變的法則，凡事循序漸進，由淺入深、由易而難、由小而大，這才是成就大事的步驟。

做容易的事，尤其不可輕忽，更應謹慎從事，也要不斷的反覆練習，務必把容易的事做到極致，也做到最好，這是做事情的基本功夫。而容易的事做熟練了，難的事也才容易上手。

而做大事，也要從小事、細微之處開始。不只是魔鬼藏在細節之中，要能耐住性子做小事，證實了我們能做小事、會做小事，我們才能被任命做大事，這也是成長的必要過程。

不論是容易的事、小的事，都必須以難事視之，小心謹慎，才能長保順遂、平安。

後記：

❶許多年輕人不屑做小事，只想做大事，以致於連小事都做不好，這就應了那句警語：「你連小事都做不好，我怎能相信你會做大事？」

❷要學會複雜偉大的技藝，通常要從最基本的功練起，基本功通常都不難，也不難上手，可是易學難精，但卻是最主要的事。從容易的基本功開始吧！

5 善未易明，理未易察

南宋・呂祖謙：「善未易明，理未易察。」

年輕的時候，邏輯很簡單：是就是，非就非，道理只有一種，很容易分辨。年長之後，發覺觀察事物，總有許多各種不同的角度，我們親眼所見，也只不過是其中一個角度而已。我們相信的事實，到別人眼中，未必就是事實，要尋找真理，需要更小心的尋尋覓覓，比較分析之後，才能接近真相，這就是「善未易明，理未易察」的道理。

年輕時剛到報社當記者，有一位同事安靜、木訥、拙於言辭，說起話來像蚊子一般，要十分靠近仔細聽，才能知道他在說什麼！

當時我心想，他不可能是當記者的料，一定很快被淘汰。果真，記者的前半年，這位同事嘗盡了報社的人情冷暖，常被主管責難，但是他都忍耐下來，咬著牙繼續做。我也常替他感到難過，因此，如有可能，我都會盡量幫他的忙。

可是過了半年之後，他溫和老實的為人，漸漸獲得採訪對象的認同，經常會把獨家新聞偷偷告訴他，因此，他三不五時就有精彩的新聞發表，逐漸變成報社中的明星記者。

這讓我的認知大為改觀。過去我認為當記者的，就是要反應靈敏、手腕活絡、能言善道，可是這位同事完全不符合這些要件，卻也通過了半年的適應期，成為一個好記者。我開始體會，天下道理不是只有一種，做事的方法也不是只有一種，我們不應該堅持什麼一定是對的，我們也應該聽聽別人說的話，千萬別自以為是。

雖然年輕時就有不要固執、堅持己見的想法，但要不固執，要容許別人的想法，確實十分困難。

尤其是當我的經驗越來越豐富，職位越來越高之後，我發覺我已很難聽進別人的勸戒，經常認為自己是對的。而且往往是在事後，做錯了事時，才開始檢討，我甚至會責備同事，為何事前不提醒我別這樣做！

可是同事的回應，令我啞口無言，他們說，事前他們都已經提醒我這絕對不可行，只是我完全聽不進，還責備他們：「為何還沒做，就充滿了悲觀的失敗主義？」

人要謙虛是很困難的，願意容納別人的意見也是困難的。可是最困難的，應該是要能察覺自己的錯誤，願意接受別人的想法。這需要能自省、能寬容、能理性、能幡然悔悟。沒有大肚量、大勇氣是做不到的。

胡適先生在談及自由與容忍時，引述了南宋大儒呂祖謙的名言：「善未易明，理未易察」，呂祖謙認為「明善」、「察理」並不容易，善有各種角度，理也有各種說法。所以，人最好的態度是「善未易明，理未易察」，對事情可以有自己的看法，但千萬不要堅持自己一定是對的，也要謙虛認為別人可能也是對的。

這不只是在培養民主素養時所必須具備的觀念，在做人處事時，更需要有「善未易明、理未易察」的態度。天下的事理，不是只有一種答案，做事情的方法，也不是只有一種做法。我們要承認條條大路通羅馬，要謙虛的探究事理的各種面向，尋找最佳的可能答案，當然也要有雅量，容納別人的不同意見。

後記：

❶理論上「眼見為信」，親眼所見，一定是真的，可是親眼所見，與所解讀的真相，未必一定吻合，因此，就算親眼所見，也要有所保留。

❷「善未易明，理未易察」的具體實踐，就是承認自己沒有絕對正確的看法，要承認自己的看法可能是錯的。

6 不虞之譽，求全之毀

《孟子・離婁上・二一》
孟子曰：「有不虞之譽，有求全之毀。」

每個人都是用自己的標準來評價別人，標準較低的，看到別人都是好處；標準較高的，看到別人都有缺失。而且每一個人的標準，也隨時會變動，因此評價結果也不見得都一定正確。

因此，人在社會中，所得到的評價，經常就會有出人意表的結果，有時候會得到超越真實的過度讚美，也有時候會因過度要求而得到苛刻的批判，這是社會中常見的現象。

年輕時非常在意別人的批評，每當有人說我的好處，就不禁陶陶然，高興好一陣子。可是當聽到別人說我的缺點時，又不免傷心，有時還會覺得別人誤解我，甚至為了要化解誤解，還延伸出許多事來。

有一次我聽到一位同事說我小氣，這讓我十分不能釋懷，因為我一向自許大方，我怎麼會小氣呢？於是乎，為了要證明我不小氣，我特別找了一個理由請所有同事吃飯，當然也包括這位說我小氣的同事。結果這位同事一來就對我說：「小何，你中了愛國獎券了嗎？怎麼忽然大方起來了呢？」

我刻意的做法並沒有引來他正面的說法，還被他揶揄了一頓，讓我更加難過。日子久了，我逐漸明白，這位同事的個性就是如此，白目而刻薄，嘴中從來未有任何好事，對所有人都是如此，我又何必與他計較呢？

年紀漸長，我逐漸能體會孟子所說的話，我們會遭遇到不期而得的過分名譽，也就偶然會得到過於苛刻的詆毀。這就是人生，不需要太過在意，就隨他去吧！

當有人初見面時，對我說：「久仰你大名。」我要知道這是場面之詞；又有人對我說：「何先生，我讀了你許多文章，你文章寫得好好！」我除了謝謝之外，我也不敢真的相信，因為這可能是不虞之譽。

這些好聽的話，只能聽聽就好，千萬不要放在心上，自以為真的如此。因為只要我們相信這些話，日子久了，我的行為就會真的改變，開始自以為是、自我感覺良好，言行之間逐漸露出自傲自滿之色。所有與我接觸的人，也都會感受到這股驕氣、傲氣，這是得罪人的開始。

這就是我的態度，聽到任何好話，一概不要當真、一概不要相信，只能相信自己還有不足、還需學習、還要改進。

至於聽到批評的話，則絕不可以生氣，反而要有聞過則喜的想法，仔細思考，檢討一下自己的言行是否真如別人的批評。

要接受別人的批評是困難的，我們很容易為自己找理由，解釋自己的言行非如別人所批評，甚至把別人的批評歸咎為誤解，醜化為抹黑。可是這樣並無濟於事，只會讓我們的缺點持續存在。

面對批評最好的做法就是先相信是真的，徹底自我檢討一遍，「有則改之，無則加勉」，用平靜的心情真心面對。

「寵辱不驚，閑看庭前花開花落；去留無意，漫隨天外雲卷雲舒」，放寬胸懷看待外界一切說法吧！

後記：

❶因為有不虞之譽，也有求全之毀，所以毀與譽，都可能不是那麼準確，所以面對毀譽，大可超然視之，不要太過在意。

❷不虞之譽常來自自己的好友，或認同者。而求全之毀則可能來自敵對的陣營，這兩者都是有太過明顯的立場，也未必真實。

7 千里之行，始於足下

《老子・六十四章》
……合抱之木，生於毫末；九層之台，起於累土；千里之行，始於足下。
……民之從事，常於幾成而敗之，慎終如始，則無敗事。

我們常會羨慕別人有巨大的成就，而思效法之心，可是當我們追究其成功的原因，他們可能花了數十年的功夫，每天不斷的反覆練習，我們能有此決心學習嗎？

這就是老子：「千里之行，始於足下」的道理，巨大的林木，從細芽開始長成，九層的巨大建築，也從泥土堆積而來，我們要想做大事，也要從頭一步一步開始。

……合抱的大木，是從細小的萌芽生長起來；九層的高台，是從泥土堆積起來；千里的距離，是從腳下一步步走出來的。

……一般人做事，常在快成功時才遭失敗，審慎面對事情的結束，要像開始一般慎重，就不會失敗。

老子的這一段話，是強調人要按部就班，一步一腳印走出來，要想完成偉大的工業，須耐得住孤寂，從最基層開始。

我初中時，學乒乓球，同學中有人乒乓球打得極好，我也想和他一樣，所以嘗試努力學習了一段時間。可是我沒耐性從最基本的推擋、發球學起，卻急著下場對戰，也急著學殺球；其結果當然不會好，球技沒進步，一直停留在隨手玩一玩的階段。

高中時學圍棋，當時有幾個同學和我一樣從初學開始。在上課時，用白紙畫出十九格的圍棋盤，然後用鉛筆在上面下棋，下完一手，再偷偷給對方，他下另一手，也偷偷傳回來，我只學會初步的規則，就急著和同學實際對抗。

剛開始，和同學互有輸贏，勢均力敵。可是慢慢的我開始輸多贏少，最後，我完全不是同學的對手。

我追究原因，我下圍棋純好玩，不學定石，不推演死活題，也不研究名家的棋譜，自然永遠停在原地，毫無進步。而我的同學不一樣，不但去參加圍棋社團，而且學定石、學官子，研究死活題。我倆此消彼長，成果完全不一樣。

從桌球到圍棋，我一事無成的原因無他，我不願從細微開始、不願學習無聊的基本動作，也不願一步一步的練習。因此，儘管學的時間很長，到現在我的圍棋水準，一直停留在入門的初學階段。

我們常常羨慕別人有輝煌的成就，而不免有志一同，心嚮往之，只是永遠無法企及。我們永遠只看到結果，而看不到背後艱苦的學習過程，也不知道要從頭開始，一步一步的學習、練習。

而就算知道要從頭開始，一步一步的學習，我們也這樣照著做，只是通常敵不過時間歲月的折磨，少則一週、一個月，長則一年、兩年，終究無法持之以恆而半途而廢，一切努力，化為烏有。

就算堅持到最後，也可能在最後關頭失手，我們唯有秉持開始時的認真態度，慎終如始，才能免於失敗。

後記：

❶人最可怕的功夫，就是每日不停的摸索，當我們每天不斷的做一件事時，日子久了，就會得到不可思議的成果，這是「愚公移山」的道理。

❷人生最大的災難，就是半途而廢，如果看不起每天的一小步，不願繼續前進，只能永遠停在原地。

❸成大事之人，初始時未必有成大事之志，他可能只是因緣際會跨出一小步，然後每天持之以恆，不斷的走下去，沒想到就走到西天，取經回來。所以不要羨慕別人，只要我們有開始，肯持續不中斷，也可以有不同的成就。

8 陽春白雪與下里巴人

戰國．宋玉〈答對楚王問〉
楚襄王問於宋玉曰：「先生其有遺行與？何士民眾庶不譽之甚也？」宋玉對曰：「唯然有之。願大王寬其罪，使得畢其辭。客有歌於郢中者，其始曰下里巴人，國中屬而和者數千人；其為陽阿薤露，國中屬而和者數百人；其為陽春白雪，國中屬而和者不過數十人；引商刻羽，雜以流徵，國中屬而和者不過數人而已。是其曲彌高，其和彌寡。」

人生有兩個選擇，要隨緣、隨俗，追隨大眾品味，還是要特立獨行，彰顯自己與眾不同的選擇？這是每一個人都會面臨的抉擇。

其實對大多數人而言，這並非絕對的選擇，不見得所有的事都隨俗，也不見得一味特立獨行，而是有時隨俗，和大眾一樣，有時獨行，彰顯自己的品味；在「陽春白雪」與「下里巴人」之間，都應當協調適應，才能得到最大的深效。

楚襄王問宋玉說：「你是否言行有所差池？否則我怎麼聽到一些對你不好的傳言？」

宋玉回答：「應該是有，請大王先恕罪，我才能好好說。」接著宋玉就說出了陽春白雪，只有少數人能聽懂，曲高和寡之隱喻，而下里巴人之歌，則國中有數千人能隨之唱和，人人聽得懂、人人可欣賞。宋玉用以比喻自己高雅的言行，一般大眾看不懂，才導致一些批評的言論。

也因為這個典故，陽春白雪與下里巴人每每被用來形容南轅北轍，冰炭不能同爐的比方，許多人會以陽春白雪自居，寧可曲高和寡，也不願與社會大眾（下里巴人）同流合汙，寧清高自恃，自絕於大眾口味！

我在工作上，也常有陽春白雪與下里巴人之爭議。我們每年出版的書中，大部分是穩定的小眾需求的書籍，只有少部分是大眾喜愛的暢銷書。由於暢銷書會帶來營收，也提高獲利，因此公司內當然對暢銷書保持更高的關注，也會鼓勵編輯們盡量去出版暢銷書。可是這樣的結果，就引來內部的種種傳言，說我只重視暢銷書，不重視那些小眾、但具有高品質的另類書籍，因而覺得公司唯利是圖。

面對這樣的傳言，我不能閃躲，只能直接面對。首先我不分辨好壞，我告訴所有同仁：面對市場，我們不能分陽春白雪與下里巴人，不論是通俗還是高雅，都是市場的一部分，我們都應該忠實面對，通俗暢銷品與小眾的高雅出版品，都是我們應該努力去經營的商品。只要能過平損點的商品，都是能賺錢的商品，我們都會同等重視。

雖然暢銷書（下里巴人）的能見度高，營業額占比也大，獲利的貢獻度更高，但是做為出版者，我們不能只靠經營暢銷書，因為暢銷書有其運氣成分，可遇而不可求，反而穩定的長銷書才是我們的工作重心。只要有效經營高雅的小眾書籍（陽春白雪），才是出版社長治久安的做法。

所以陽春白雪，小眾而高雅，但不一定永遠是正確的；而下里巴人，通俗而無文，我們卻也不能偏廢。在陽春白雪與下里巴人之間，我們應該適度調和，或取其寡，或取其廣，不可獨沽一味，這是面對市場必要的正確態度。

後記：

❶就個人為人處世而言，每一個人都希望自己是高雅有品味的人，這種人一定是陽春白雪，而不是下里巴人。只不過陽春白雪是要有學理基礎，要深入研

究，才能成就個人的品味，否則就會引來附庸風雅之譏。

❷就做生意而言，我拿下里巴人（大眾市場）來擴大規模，衡生產量，而以陽春白雪（利基小眾市場）做為奠定規模的基礎，兩者都須關注。

9 知其非義，何待來年

孟子曰：「今有人日攘其鄰之雞者，或告之曰：『是非君子之道。』曰：『請損之，月攘一雞，以待來年，然後已。』如知其非義，斯速已矣，何待來年。」

人會習於現況，不喜改變；人會討厭面對困難，而拖延採取行動的時機。面對不對的事，要立即戒絕改正；面對應該要去做的事，也要立即採取行動，不論如何，「起而行」都是人生重要的行動準則。

孟子的寓言，提供後人參考。

這是孟子所說的知名寓言，有一個小偷每天偷鄰居一隻雞，有人勸告他：「這不是君子的行為」，小偷回答：「那我改成每月偷一隻雞，到明年，才停止偷雞。」

孟子的結論是，如果知道這是不對的行為，就應該立即改正不再做，為什麼要等到明年呢？

當時孟子與宋國的大夫戴盈之談論治國之道，認為老百姓之稅捐過重了些，戴盈之回說：「要立即免稅，今年還不可行，那就今年先減稅，明年再免稅。」

這就引出孟子「知其非義，斯速已矣，何待來年」的說法。嚴格來說，政府施政，先減再免，有可能是迫於現實的可能結果，尚情有可原；可是之於人的為人處世，卻也常充斥著由日攘一雞到月攘一雞的情境，這就有仔細思考、檢討的必要。

我念書的時候，曾下定決心要學好英文，曾立誓要每日背五個單字，可是總下不了決心，老是從下個星期才開始，就這樣一個星期拖過一個星期，老是無法真正執行，最後總是不了了之。

後來進入職場工作，在工作中總會有一些我們喜歡做的事，做了立即會有成果，或比較有趣的事，這些都會變成我優先去做的選項。可是相同的，工作中也必然存在一些我們不喜歡做的事，這些事可能是極困難的事，例如我們正陷在艱難的處境之中，或者我們正面對難纏的對手，不容易打贏，再或者這些事可能是麻煩的事、無聊的事、無趣的事。這些類型的事，我都會不自覺的往後拖延，能不做就不做，能晚一點面對，就晚一點去做。總是要逼到最後一分鐘才不得不去面對，可是也因為拖延，往往問題越加嚴重，更難以處理。

這也是變相的「月攘一雞」，面對困難、麻煩的事，理論上要及早優先面對，才可能有好結果，如果拖延不去做，不就和「從日攘一雞，改為月攘一雞」一樣嗎？

「知其非義，何待來年」，指的是對不正確的事，要立即停止、禁絕、改正，不應等到明年；而面對工作上困難的事，也一樣要立即去做，不可拖延。

這種做喜歡做的事，延後不喜歡做的事，可能是面對每一個工作時，潛在的心理意識，自己可能不自覺。我也曾不自覺而拖延，一直到我嘗到苦果後，才發覺此一問題。因此我要自己立下了工作的優先準則：先做不喜歡做的事，先做麻煩的事，先做困難的事，才逐漸免去拖延的毛病，做到「知其非義，斯速已矣，何待來年」。

後記：

❶拖延是人類天生的本性，任何事「明天再做」、「以後再說」都是人人常見的行為。克服拖延，要有方法，也要有決心。

❷要改變惡習，尤為困難，因為既已成習，就已成行為的一部分，難以戒除。要戒除，就要有決心、有毅力，即刻開始。

❸訂下工作的優先順序：先做困難的事、麻煩的事、討厭的事，這是重要的工作習慣。

第二部／我讀國學

第四章——詩經

讀古文，從詩經開始

《詩經》是中國最古老的典籍之一，也是被後世引用最多的典籍，其影響不只在於春秋戰國時的諸子百家，所有的論述，不時都要來一句「詩云」，以顯示其信而有徵。而現今我們常用的許多成語，也都源自於《詩經》，經過數千年的流傳，《詩經》仍然活躍在中國人的心中。

因此要讀古文，《詩經》是不可錯過的篇章。可是由於歷史久遠，許多《詩經》的文字不易理解，後世的注解往往也眾說紛紜，因此讀《詩經》要掌握一些訣竅，否則難以進入。

一、不要拘泥於詩中所提到的一些專有名詞，因為那可能只是當時的一些鳥獸蟲魚、草木之名，由此起興，進入正題。

二、藉由閱讀歷代的注解，以理解《詩經》在所難免，但也不要盡信，因為歷代注解者也是以各自的體會入注，未必真是創作時的原意。

三、讀《詩經》最好的方法，是讀完各種注解之後，再由自己不斷涵泳、體會、理解其原意，只要能自圓其說，就是自己的收穫。

四、要記住關鍵的字句，而直接引用。如：「如切如磋，如琢如磨」、「深則厲，淺則揭」等，這些都是很好用的引句。

總之，讀《詩經》不必求字句上的理解，而應以上下文整體觀之，找到自己的說法就可。

1 詩三百的千古名句

《詩經・小雅・鹿鳴之什・采薇》

采薇[1]采薇，	採薇菜啊！
薇亦作[2]止。	薇菜正長出土。
曰歸曰歸，	回家吧！
歲亦莫止。	又到年底了。
靡[3]室靡家。	好像沒有家室，
玁狁之故。	都是玁狁來犯。
不遑[4]啟居。	不能在家安居。
玁狁之故。	因玁狁來犯！
采薇采薇，	採薇菜啊！
薇亦柔止。	薇菜正嫩。

曰歸曰歸，
心亦憂止。
憂心烈烈，
載飢載渴。
我戍未定，
靡使歸聘[5]。

回家吧！
心中憂悶。
憂心如焚，
又飢又渴。
我的駐地不知在哪？
也不能託人回家問候。

采薇采薇，
薇亦剛止。
曰歸曰歸，
歲亦陽止。
王事靡盬[6]，
不遑啟處。
憂心孔疚，
我行不來。

採薇菜啊！
薇菜已經老了。
回家吧！
已經到十月了。
兵役沒結束，
不能在家安居。
心中憂苦，
我出征不能回來。

彼爾維何？　什麼花在盛開？
維常之華。　是棠棣花，
彼路斯何？　那大車是什麼？
君子之車。　是將軍的戰車，
戎車既駕，　戰馬已套上車，
四牡業業。　四匹高大的馬，
豈敢定居？　下一站是哪裡？
一月三捷。　一個月多次大捷。

駕彼四牡，　駕著四馬車，
四牡騤騤。　四馬多強壯。
君子所依，　將軍靠在車上，
小人所腓[7]。　士兵躲在戰車房。
四牡翼翼，　四馬齊步走，
象弭魚服。　配備象牙弓及魚皮箭袋，

豈不日戒，　怎能不每天警戒，
玁狁孔棘。　玁狁軍情緊急。

昔我往矣，　從前我出征之時，
楊柳依依。　揚柳依依。
今我來思，　現在我回來，
雨雪霏霏。　卻雨雪霏霏。
行道遲遲，　路好像走不完。
載渴載飢，　我又飢又渴，
我心傷悲，　我心中傷悲，
莫知我哀！　沒人知道我的悲哀。

西周之時，玁狁來犯，朝廷派出大軍討伐玁狁。這是當時士卒從軍戍邊之詩，前三章重複要回家的景況，場景從薇菜剛長出來，一直到薇菜變老，都仍在服役，不能回家，心中十分憂苦。

從第四章開始，戰事有了轉變，在將軍的帶領下，一個月打了多次大捷，終於可以回家了。

最後一章，是全詩的精華，用極簡單的文字，描述出征時的情景：綠色楊柳搖曳，引人遐思，可是現在我回來的時候，卻是大雪紛飛，感時傷情，別有深意。作者只用了十六個字：「昔我往矣，楊柳依依，今我來思，雨雪霏霏」，就凝聚了無限的感傷，後有人以為，這是詩三百的最佳名句。

至於最後四句：「行道遲遲，載渴載飢，我心傷悲，莫知我哀」，則描述了歸來的實況，走不完的長路，沿途又飢又渴，想起出征時及歸來時之景況迥異，物是人非，心中怎能不充滿了無限的哀痛，這是沒有人能夠體會的悲傷。

最簡單的文字，承載了最深厚的情感，楊柳依依這一段文字，傳頌千古，當之無愧。

編注：

1薇：野生豌豆。
2作：指薇菜冒出地面。
3靡：無。
4遑：閒暇。
5聘：問候的音信。
6盬：ㄍㄨˇ，止息、了結。
7腓：ㄈㄟˊ，掩護。

2 祝賀的最高境界——天保九如

《詩經・小雅・天保》

天保定爾，　上天保佑，
亦孔[1]之固。　政權穩固。
俾爾單厚，　多福多祿，
何福不除[2]？　沒有不賜與的福澤，
俾爾多益，　多福多祿，
以莫不庶[3]。　天下都富庶。

天保定爾，　上天保佑，
俾爾戩[4]穀。　使您有福分。
罄[5]無不宜，　一切都順利，
受天百祿。　受上天賜大福。

降爾遐福，　上天還降福給您，
維日不足。　每天還唯恐不足。

天保定爾，　上天保佑，
以莫不興。　一切都興盛。
如山如阜，　就像大山、小山一般，
如岡如陵，　也像山岡、丘陵一般。
如川之方至，　也像大江大水湧至，
以莫不增。　一切都不斷增加。

吉蠲[6]為饎[7]，　齋戒沐浴準備酒食，
是用孝享。　以祭祀神明。
禴祠烝嘗，　春祠夏祭秋嘗冬烝，
於公先王。　祭祠先公先王，
君曰：「卜爾，　先王說：

萬壽無疆」。

神之弔矣，
詒爾多福。
民之質矣，
日用飲食。
群黎百姓，
徧為爾德。

如月之恆，
如日之升。
如南山之壽，
不騫不崩。
如松柏之茂，
無不爾或承。

賜你萬壽無疆。

神明來了，
賜予各種幸福。
百姓純樸，
有吃有喝就滿足。
眾民百姓，
都得到教化。

就像月之永恆，
又像日之初升。
更像南山般長壽。
不毀壞、不崩塌。
又像松柏一樣長青茂盛。
子孫永享功業。

詩經是紀載先秦的各種生活實況，當然少不了對君王的歌頌，這是祝頌君上的千古名篇，全篇先描寫上天賜福給君王，天下也隨之安詳富足；其後，再描寫君王祭祀先王神明，先王也賜萬壽無疆，讓全天下的黎民百姓全都衣食無虞，也得到教化。

此篇被傳頌的名言佳句是九個象徵性的比喻，被後世稱為「天保九如」，這是祝福人的最高境界。

這九如是：如山如阜、如岡如陵、如川之方至；如月之恒、如日之升、如南山之壽；如松柏之茂。

其中任何一句的形容都已是很難得的境界，更何況「九如」齊備呢？

一旦山川日月松柏全部到齊，是對人最高的稱頌，也是最深的祝福。

詩經多用實物比喻形容，此篇可為代表。

編注：

1 孔：很。

2 除：給予。

3庶：眾多。

4戩：ㄐㄧㄢˇ，福。

5罄：所有。

6蠲：ㄐㄩㄢ，清潔。

7饎：ㄒㄧ，酒食。

3 黎民百姓的憂國憂民吶喊

《詩經・王風・黍離》

彼黍離離，
彼稷之苗。
行邁靡靡，
中心搖搖。
知我者，謂我心憂；
不知我者，謂我何求。
悠悠蒼天，
此何人哉！

彼黍離離，
彼稷之穗。

茂盛的小米啊！
高粱也長出苗。
我的腳步沉重，
心中搖擺不定。
瞭解我的人，知道我心中憂傷，
不瞭解我的人，以為我有所企求。
遙遠的蒼天啊，
這究竟是何人所為。

茂盛的小米啊！
高粱也已抽穗。

行邁靡靡，
中心如醉。
知我者，謂我心憂；
不知我者，謂我何求。
悠悠蒼天，
此何人哉！

彼黍離離，
彼稷之實。
行邁靡靡，
中心如噎。
知我者，謂我心憂；
不知我者，謂我何求。
悠悠蒼天，
此何人哉！

我的步履沉重，
心中酒醉未醒。
瞭解我的人，知道我心中憂傷，
不瞭解我的人，以為我有所企求。
遙遠的蒼天啊，
這究竟是何人所為。

茂盛的小米啊！
高粱也已結實。
我的腳步沉重，
心中哽噎難言。
瞭解我的人，知道我心中憂傷，
不瞭解我的人，以為我有所企求。
遙遠的蒼天啊，
這究竟是何人所為。

春秋時期，各國攻伐頻仍，百姓流離失所，故詩經中常有感時憂世之作。此詩據詩序之說法為感嘆國家東遷，鎬京化為灰燼，盡為黍離，有感而發之作。

全詩三段，不斷重複，從見路旁的小米、高粱下筆，先是長出苗來，再是抽穗，最後是結實，逐步物換星移。所見者心中的憂思也逐步堆疊，從心神不寧到如醉似醒，以至於哽噎難言；而腳下的步伐也日趨沉重，憂憤滿懷。

全詩重點在最後四句：知我者，謂我心憂，和我一樣感同身受的人，當然能理解我心中的憂傷。可是不瞭解我的人，還以為我心中別有目的，別有企求。

最後兩句，難免無語問蒼天，這一切的一切，是什麼人做出來的呢？誰又該為此負責呢？

全詩語意直白，三段不斷反覆，而且只換了九個字：苗、穗、實、搖搖、如醉、如噎，卻讓人充分感受到當事者的傷心，欷歔欲絕，令人動容。

而「知我者謂我心憂，不知者謂我何求」，更成為後人不斷反覆的名句，在當代的電影電視中常成對白。

4 直接了當的罵人之詩

《詩經・鄘風・相鼠》

相鼠有皮，　老鼠還有皮毛，
人而無儀。　做人卻不講禮節。
人而無儀，　做人不講禮節，
不死何為！　為什麼不去死呢？

相鼠有齒，　老鼠還有牙齒，
人而無止。　做人卻不知道羞恥。
人而無止，　做人不知道羞恥，
不死何俟！　不死要等到何時？

相鼠有體，　老鼠有身體，

人而無禮。　做人卻無禮。
人而無禮，　做人無禮，
胡不遄死？　為什麼不快去死？

詩經也有充滿口語化的直白文字，本篇就是其中代表。全文的意思在說明人應有禮貌，要有一定的規矩可循，可是天下卻充滿了不知禮儀的人，這篇就是用反諷的手法，說明人要知書達禮。

詩文中選擇了人人生厭的老鼠，做為人的對照組。首先說明了連老鼠都有皮毛，可是如果一個人連外在待人的禮貌都不懂，這不是連老鼠都不如嗎？這種人為何不去死算了。

全詩三段，段段反覆，從相鼠的皮到齒，到體，然而推論都一樣，如果人而無禮，不知禮，那就直接去死算了。

詩是反映當代社會的民風，而民間的歌謠，更直接描述當時的社會實況。相鼠一詩，顯示當時社會確實有人橫行無禮，才會有此直白的罵人歌謠。

5 長相廝守的永遠誓言

《詩經・邶風・擊鼓》

擊鼓其鏜[1]，　戰鼓響了，
踴躍用兵。　兵士們奮起操練。
土國城漕，　大家都在築城牆，
我獨南行。　我卻被派往南征。

從孫子仲，　追隨孫子仲將軍，
平陳與宋，　平定陳國與宋國，
不我以歸，　我不能回家，
憂心有忡。　讓我憂心忡忡。

爰居[2]爰處，　安營紮寨之役，

爰喪其馬。
於以求之？
於林之下。

我的馬卻走丟了，
去哪裡找呢？
在樹林中找到。

死生契闊[3]，
與子成說；
執子之手，
與子偕老。

不論生死離別，
我曾有誓言，
要緊握你的手，
和你白頭到老。

於嗟[4]闊兮！
不我活兮！
於嗟洵[5]兮！
不我信兮！

與你離別太久了，
我不想活了，
相隔太遙遠了，
使我不能實現誓言。

詩經中充滿了兵士出征感懷之作，其中又以想念妻子最具代表。此詩全詩在記錄軍中情景，可是在最後卻轉為思念妻子，而其經典句型，也成為美滿婚姻的永遠誓言。

詩分五段，從校場擂起戰鼓開始，描述練兵實況，大多數人都在挖工築城，可是只有自己卻被派往南邊出征。

次段描述追隨孫子仲將軍，前往平定陳國與宋國的戰爭，以致於我不能回家，令我整日憂心忡忡。

第三段描述軍中情景，在安營紮寨之後，卻發現馬丟了，然後到處找馬，終於在樹林中找到。

到這裡，都還是活生生的軍中生活描述，顯示此篇真的是行役的軍士，以軍中的場景寫作而成。

可是到了第四段，話鋒急轉，變成對遠在天邊的妻子說話：不論如何死別生離，我都立下誓言，將永遠緊握妳的手，要與妳一起老去；這是何等真誠而感人的話語啊！

最後一段，則轉為對現實的悲傷與感懷，因在行役中，所以只能與妳遠隔萬里，這樣的日子真是難過，我也不想活了，這樣的別離，讓我無法信守諾言。

此詩從軍中行役，轉為思念妻子，充滿了真實的場景，絕非矯揉作態之作，故其中「死生契闊」四句，能成為中國人禮讚婚姻的永久誓言。

編注：

1 鏜：ㄊㄤ，鼓聲。
2 爰：疑問代名詞，就是在何處。
3 契：契，合之意。闊，疏之意。「契闊」在這裡是偏義複詞，偏用「契」義。
4 於嗟：歎詞。
5 洵：ㄒㄩㄣˊ，疏遠。

6 描述美人的極致篇章

《詩經・衛風・碩人》

碩人其頎，　修長的美人，
衣錦褧[1]衣。　穿著錦衣與罩袍。
齊侯之子，　她是齊侯的愛女，
衛侯之妻，　衛侯的妻子，
東宮之妹，　是太子的妹妹，
邢侯之姨，　邢侯的小姨，
譚公維私[2]。　譚公又是她姊夫。

手如柔荑[3]，　手白如初生的茅芽，
膚如凝脂，　皮膚像凝脂般潤滑，
領如蝤蠐[4]，　脖子像蝤蠐，

齒如瓠犀[5]**，**
螓[6]**首蛾眉。**
巧笑倩兮，
美目盼兮。

碩人敖敖[7]，
說於農郊。
四牡有驕，
朱幩鑣鑣[8]。
翟茀[9]以朝。
大夫夙退，
無使君勞。

河水洋洋，
北流活活。

牙齒像瓠籽，
額頭方正，眉毛彎彎。
甜美笑容現酒窩，
美麗眼睛明又亮。

高挑的美人，
停車於近郊。
四匹雄壯健馬，
馬銜紅布迎風飄。
乘五彩車來朝見皇上。
大夫們早點退朝，
以免國君太操勞。

河水水勢盛大，
向北奔流入海。

施罛[10]濊濊[11]，　魚網入水呼呼響，
鱣鮪發發，　鱣鮪刺刺入網，
葭菼[12]揭揭，　蘆荻高高長，
庶姜孽孽，　陪嫁的姑娘人人美，
庶士有朅。　隨從的武士個個壯。

這是衛莊公夫人莊姜初嫁之詩，全詩都在形容一次盛大的婚禮，而重點尤其在描述莊姜的美貌，可謂詩經中描寫美女的極致篇章。

全詩先從莊姜是誰開始，這位修長的美女，有著各種尊貴的身分。接著進入第二章，是全詩的重點，非常仔細的描繪了莊姜全身的長相，「纖纖玉手像初生的茅芽，細白柔嫩，皮膚就像凝結的油脂般光滑；頸子白皙修長，好似一條蝤蠐，牙齒就像瓠瓜種子似的整齊；額頭寬闊，長長的眉毛細細彎彎；笑起來雙頰嫵媚真好看，一雙眼睛黑白分明。」

全詩用了許多現代人無法瞭解的事物，來形容莊姜的美。如柔荑、蝤蠐、螓蛾等，這些動植物都是我們無法想像，可能也見不著的東西，當然也就無法想像莊姜的

美貌，但全詩堆砌了各種文字形容，我們就用各自的想像來理解莊姜的美吧！

不過此章的最後兩句，倒是形容美女而傳頌千古的名句：巧笑倩兮，美目盼兮；這兩句話把美女的舉手投足，一言一行捕捉得神韻十足。美女的笑，宛如春風拂面，讓人感同身受，而美女的眼光流轉，美目生波，更是動人心弦，無怪乎詩經用了這八個字之後，就成為後人不斷追隨的典故。

而此詩的最後一章，也有特殊的趣味。此章寫莊姜出嫁時路上可見的種種景物，有河、有漁網、有魚、有蘆荻，當然還有陪嫁的宮女及護衛的武士，全章全用疊字的描述：洋洋、活活、濊濊、發發、揭揭、孽孽，發音得鏗鏘有聲，加上文字的對仗，值得玩味。

編注：

1 褧：ㄐㄩㄥˇ，婦女出嫁時禦風塵用的麻布罩衣，即披風。

2 私：女子稱其姊妹之夫。

3 荑：ㄊㄧˊ，草木初生時的嫩芽。

4 蝤蠐：蝤，音ㄑㄧㄡˊ，蠐，音ㄑㄧˊ。天牛的幼蟲，色白身長。

5 瓠犀：瓠，音ㄏㄨˋ。瓠犀，瓠瓜子兒，色白，排列整齊。

6 螓：ㄑㄧㄣˊ，似蟬而小，頭寬廣方正。

7 敖敖：修長高大貌。

8 鑣鑣：ㄅㄧㄠ，盛美的樣子。

9 翟茀：翟，音ㄉㄧˊ，山雞。茀，音ㄈㄨˊ，車篷。以雉羽為飾的車圍子。

10 罛：ㄍㄨˇ，大的魚網。

11 濊濊：濊，音ㄏㄨㄛˋ。濊濊，撒網入水聲。

12 菼：ㄊㄢˇ，初生的荻。

7 黎民百姓對統治者哀號控訴的悲歌

《詩經・魏風・碩鼠》

碩鼠碩鼠，　大老鼠啊，大老鼠，
無食我黍！　不要吃我的穀！
三歲貫汝，　多少年來餵養你，
莫我肯顧。　卻不肯照顧我。
逝將去汝，　我決定離開你，
適彼樂土。　到幸福的樂土。
樂土樂土，　樂土、樂土，
爰得我所。　才是我安身之所。

碩鼠碩鼠，　大老鼠啊，大老鼠，
無食我麥！　不要吃我的麥！

三歲貫汝，
莫我肯德。
逝將去汝，
適彼樂國。
樂國樂國，
爰得我直。

碩鼠碩鼠，
無食我苗！
三歲貫汝，
莫我肯勞。
逝將去汝，
適彼樂郊。
樂郊樂郊，
誰之永號？

多少年來餵養你，
卻沒有給我一點恩惠。
我決定離開你，
到安樂的國家。
樂國、樂國，
才是理想的棲身處。

大老鼠啊，大老鼠，
不要吃我的苗！
餵食你這許多年了，
沒有給我一點慰勞。
我決定離開你，
到安逸的樂郊。
樂郊、樂郊，
到那裡就不再哀號了。

表面上這是一篇對老鼠的詛咒，老鼠吃光了禾苗，可是又沒有任何回饋，餵養老鼠許多年的人，決定離開老鼠們，尋找自己的安居樂土。很明顯的老鼠只是一個比喻，並不是真的在抱怨老鼠，可是到底在抱怨誰呢？

有誰可以令人不得不離家遷居呢？這非統治者莫屬，只有統治者能影響人民的生活，會決定人民的一切，當人民生活無以為繼時，老百姓只有舉家逃離，尋找另一個能安居的樂土。這是一篇對統治者控訴的詩歌，也是老百姓痛苦哀號於水深火熱之中的吶喊！

三段詩歌，重重疊疊，每一段只更換了數個字，從我黍、我麥、我苗，到肯顧、肯德、肯勞，再到樂土、樂國、樂郊，最後找到安居的地方，再到末段從此不再哀號哭喊，劇情不斷進化，情緒層層推移，最後達到訴說痛苦的最高峰。

這篇詩歌也顯示了歷代黎民百姓對暴虐統治者綿延不絕的控訴，三千年前完成的詩歌，套用在近代也完全合適，我們對於尸位素餐的公僕，也會以「倉鼠」形容之，詩經對於後代中國人的影響可見一斑。

8 從想像、思念到邂逅的男女情愛之作

詩經是春秋時期流傳於各國的傳唱歌謠，屬於黎民百姓的集體創作，說是流行歌謠也不為過。而凡屬流行，絕對少不了男女情愛的元素，因此詩經中也充斥著思親、別離、相見、歸鄉的纏綿悱惻的創作，更少不了基於男女情愛的篇章。

詩三百的第一章〈周南關雎〉，就以「窈窕淑女，君子好逑」揭開全本詩經的序幕，從男子思求淑女開始，因此詩經中到處充滿了以男女情愛為背景的創作，有對美貌女子的描述，也有對俊俏男子的想像，還有對心儀對象的想念、想望與追求，當然也有兩人情思纏綿，相愛相悅的描述。如果說全本詩經是以男女情愛為主要架構，雖嫌過分，但是少了男女情愛，就不成為《詩經》，絕對是允當的形容。

在詩經的男女情愛篇章中，我挑出了五篇具有代表性的段落，可以品評詩經中對男女情愛的描述：

一、〈陳風‧月出〉

月出皎兮，
佼人僚兮。
舒窈糾兮，
勞心悄兮。

月兒多明亮啊！
月下美人多漂亮。
舉止優雅，體態輕柔，
想得我心中好苦惱啊。

月出皓兮，
佼人懰兮。
舒懮受兮，
勞心慅兮。

月兒多皎潔啊！
月下美人多美麗。
舉止從容，身姿婉約，
想得我心發愁。

月出照兮，
佼人燎兮。
舒夭紹兮，
勞心慘兮。

月兒照得多明亮啊！
月下美人多迷人。
舉止出眾，風姿綽約，
想得我心中好煩躁啊！

這是男子月下懷人的情詩，首句以月出破題，進入一個空靈的情境，月下一個風姿綽約的美麗女子浮現，引起男子的無限想像，期待接近，一親芳澤。可是只能想像，只落得心煩氣燥，滿心苦惱。

這是純思念想像的情詩，描繪出男子心中的想望，全篇虛寫，而意在言外。

二、〈秦風・蒹葭〉

蒹葭蒼蒼，　蘆葦一片白茫茫，
白露為霜。　白露已結霜。
所謂伊人，　我所想的那個美人兒，
在水一方。　在河水的另一邊。
遡洄從之，　我逆著水去找尋她，
道阻且長；　路難走，又漫長。
遡游從之，　我順著水去找尋她，
宛在水中央。　她彷彿就在水中央。

蒹葭淒淒，
白露未晞。
所謂伊人，
在水之湄。
遡洄從之，
道阻且躋；
遡游從之，
宛在水中坻。

蘆葦茂密盛長，
白露尚未乾。
我所想的那個美人兒。
就在河岸邊。
我逆水去尋找她，
路難走，又步步高。
我順著水去尋找她，
她彷彿就在水中的沙洲上。

蒹葭采采，
白露未已。
所謂伊人，
在水之涘。
遡洄從之，
道阻且右；

蘆葦綿密長，
白露還沒乾。
我所想的那個人，
就在河灘上。
我逆著水去尋找她，
路難走，又彎曲。

遡游從之， 我順著水去尋找她，
宛在水中沚。 她彷彿就在水中小洲上。

相較於前章「日出」僅止於對意中人的「想像」，此篇更有明確的「意動」，所有的想像已化為行動，逆著水尋尋覓覓，不論道路的崎嶇難行，仍然不放棄追逐。只不過，到頭來仍然只得到一個「彷彿」，仍然只是虛無的想像，只能將無限情意寄託思念。

此情詩最適合一對因故而分別、分手的愛人。在分別之後，仍不時想念，伊人就在不遠處，如夢似幻，若有似無，思念者只能展開永無休止的追尋；或在水邊，或在水涯，追尋之路總是曲折難行，伊人或近或遠，讓人或喜或憂，可是卻永遠無法接近，只能在彷彿的夢中相見。

此詩道盡了分別的愛之思念與愁緒。

三、〈鄘風・桑中〉

爰采唐矣， 採菟絲啊！

沬之鄉矣。
云誰之思？
美孟姜矣。
期我乎桑中，
要我乎上宮，
送我乎淇之上矣。

到沬邑的鄉間。
我在想念誰？
美麗的姜家小姐。
她約我到桑林中，
她邀我到上宮中，
她送我到淇水之旁。

爰采麥矣，
沬之北矣。
云誰之思？
美孟弋矣。
期我乎桑中，
要我乎上宮，
送我乎淇之上矣。

採麥穗啊！
到沬邑的北邊。
我在想念誰？
美麗的弋家小姐。
她約我到桑林中，
她約我到上宮中，
她送我到淇水之旁。

自慢 7

爰采葑矣，　　採蔓菁啊！
沫之東矣。　　到沫邑的東面。
云誰之思？　　我在想念誰？
美孟庸矣。　　美麗的庸家小姐。
期我乎桑中，　她約我到桑林中，
要我乎上宮，　她約我到上宮中，
送我乎淇之上矣。　她送我到淇水之旁。

這是情竇初開的男子，想像受到美麗意中人的青睞，主動邀約到桑林中相會、到上宮中相見；分手時，還依依不捨的送到淇水之邊殷殷話別。

這全是年輕男子一廂情願的想像，愛戀的對象可能是姜家小姐，也可能是弋家小姐，還可能是庸家小姐；這些都只是想像中的代名詞，未必真有其人，可是一旦好運降臨，被美女看上，一切美好而不可能的事物都發生了。

害羞的年輕男子，通常只能在心中想像，不太敢採取行動，因此只能想像被美女主動邀約，就好像中了幸運大獎一般，一下子約到桑林中，又一下子約到上宮中，快速的培養出濃厚的感情；而要分別之時，更臨別依依的一直相送到淇水之旁。

這是年輕男子想望愛情，而在心中的吶喊。

四、〈召南・野有死麕〉

野有死麕[1]，　　野外有被打死的獐，
白茅包之。　　用白色的茅草包起來。
有女懷春，　　有位懷春的少女，
吉士誘之。　　俊俏的男士來勾引她。

林有樸樕，　　林中小樹叢叢，
野有死鹿，　　有隻被打死的鹿，
白茅純束。　　用白色的茅草捆起來。
有女如玉。　　有位少女純潔如玉。

舒而脫脫兮，　　慢慢的、輕輕的啊，

無感我帨兮，　不要掀動我的頭巾啊，

無使尨[2]也吠。　不要驚動狗叫出聲來。

詩經也有極端寫實的男女情愛之作，此詩重點全在末章三句，寫盡了男女情愛的感受，但全用意在言外的描述，完全沒有直接的男歡女悅的描寫。

第一章，從野外有隻被打死的獐下筆，然後帶出男女主角——懷春的少女與俊俏的男子。

次章再次反覆，有隻被打死的鹿，也用白色的茅草捆紮妥當，然後再帶出一位純潔、未涉世事的少女。

末章進入全詩重點，男女互相中意相悅、接近，純潔的少女遭遇俊俏男士的誘惑，緊張、興奮，又難以自持，只能囑咐男士要輕柔、要徐徐而來，不要粗魯的掀起少女的頭巾，更不要發出聲音，不要驚動在一旁的狗，叫出聲音來。

全詩完全沒有仔細描述男女接觸的作為，也沒有具體描述男歡女愛的情節，僅透過聲聲的囑咐，要溫柔、要慢慢來，不要讓狗叫出聲來，驚動寂靜的郊野。

這是最婉約的男歡女愛的描述，死獐、死鹿都只是野外背景的陪襯，無關重要。

重要的是男女的邂逅相遇及接觸，雖然沒有具體的行為描述，卻把青年男女的情愛，用「意在言外」，寫到極致，留給後世閱讀者無盡的想像空間。

五、〈鄭風・野有蔓草〉

野有蔓草，　　野外長滿蔓生的春草，
零露漙[3]兮。　　露珠晶瑩剔透。
有美一人，　　有一美麗姑娘，
清揚婉兮。　　眉目清秀動人。
邂逅相遇，　　當我們偶然相遇，
適我願兮。　　她是我的最愛。

野有蔓草，　　野外長滿青草，
零露瀼瀼[4]。　　葉上滿是露珠。
有美一人，　　有一美麗的姑娘，
婉如清揚。　　眉目清秀動人。

邂逅相遇，　當我們偶然相遇，
與子偕臧[5]。　真是快樂無比。

這是詩經中描述男女情愛的細膩之作。

全詩從蔓生的青草起筆，帶出男女情愛的背景，在廣闊的野草地上，露珠晶瑩剔透，而此時男女相遇了。清秀動人的美女，當然惹人憐愛，相愛的時光當然也是最好的時刻，也充滿了歡愉與浪漫。

全詩只講到兩人甜蜜快樂，沒有多餘的形容，卻是浪漫情愛的最高境界。

結語：

詩經中充斥人與人情感的描述：除了親情之外，最多的就是愛情，如果說詩經是描寫愛情的始祖，也不為過。

編注：

1麕：ㄐㄩㄣ，比鹿小，無角。
2尨：ㄇㄤˊ，毛長的狗。
3溥：ㄊㄨㄢˊ，露水豐沛的樣子。
4瀼瀼：ㄖㄤˊ，露珠肥大貌。
5偕臧：臧，「善」之意。偕臧，各得其所欲、相愛之意。

第五章——詩

讀詩，從吟詠背誦開始

詩雖然盛行於唐朝，可是在唐之前已經有詩存在，其實詩最早可以上溯到《詩經》，在漢朝早已秉承了《詩經》的傳統，而有類似的吟唱，〈古詩十九首〉就是其中的代表。

我的讀詩經驗，當然是從五言絕句開始，平易簡單，琅琅上口，容易背誦，接著再接觸律詩，不論是五言或七言，也一樣容易明白。最後再接觸長詩，我讀到的第一首長詩是白居易的〈長恨歌〉，記得在初中時讀到〈長恨歌〉，我幾乎可以背誦其中的三分之一，也對唐玄宗與楊貴妃的愛情故事大為感動。

最後我才接觸漢樂府古詩，赫然發覺詩並不是從唐朝開始，而可以上溯到秦漢之際，這是我讀詩的歷程。

在本書中我選讀的詩，最早從劉邦的〈大風歌〉開始，那只是簡易的吟唱，還不曾具有詩的嚴格型式。

其次還選了曹操的〈短歌行〉，除了因此詩寓意深遠之外，也可見曹操除了權謀之外，其實也文氣縱橫。

談詩，絕不可忘記的是詩仙李白，李白的詩天馬行空，想像力豐富，讀之常令人感慨他的才氣，後人無法企及。

我還選了李商隱的幾首無題詩，雖言無題，但寫的多是男女情愛，讀來令人心有戚戚焉。

在唐詩中，我也偏愛以西域大漠為背景的邊塞詩。岑參應是唐代邊塞詩人的代表人物，他在安西、北庭都護府停留甚久，把西域風光描述得極為深刻。

讀詩貴在吟詠背誦，入於口，才能入於心，也才能真正體會個中滋味。

1 漢代隨心吟唱之詩歌

漢代早期僅留有部分觸景傷情、隨心吟唱之詩歌，往往短短數語，道盡作詩人的一生情境寫照。最知名者為漢高祖劉邦之〈大風歌〉，及項羽之〈垓下歌〉，情辭懇切，令人吟詠再三。

劉邦〈大風歌〉

大風起兮雲飛揚，威加海內兮歸故鄉。安得猛士兮守四方？

這是漢朝的創立者漢高祖劉邦僅存於世的少數詩歌，雖然只有短短三句，卻充分顯出劉邦做為一個開國之君的豪氣與壯闊，非一般常人所能為。

在西元前一九五年，劉邦擊敗黥布，回歸故鄉，大開宴席，與家鄉故人父老縱酒高歌。漢高祖劉邦作此歌，並令沛中兒百廿人皆和之，豪邁之情，溢於言表。

當時劉邦還未完全平定天下，因此還會有「安得猛士兮守四方」之嘆，期待有更多勇士加入，以安定天下。

項羽〈垓下歌〉

力拔山兮氣蓋世，時不利兮騅不逝。騅[1]不逝兮可奈何，虞兮虞兮奈若何！

這是項羽自刎於垓下時，所作的絕唱，悲壯之情，傳唱千古，猶令人動容。

詩從項羽的猛勇破題，「力拔山兮氣蓋世」充分表達了項羽不可一世的力量，可是第二句隨即轉入當時危急的情境，天不時，地不利，寶馬也不前，項羽自始自終都認為兵敗垓下，乃是天亡項羽，非戰之罪。最後項羽呼喚最心愛的女人虞姬，英雄末路，語絕悲壯，讀之心有戚戚焉。

對比劉邦的〈大風歌〉及項羽的〈垓下歌〉，正可以對照成功者與失敗者的差異，成功者意氣風發，君臨天下，威加四方。而失敗者只能悲歌自語，壯烈自刎，兩者有天壤之別。

劉徹〈秋風辭〉

秋風起兮白雲飛，草木黃落兮雁南歸。蘭有秀兮菊有芳，懷佳人兮不能忘。泛樓船兮濟汾河，橫中流兮揚素波。簫鼓鳴兮發櫂[2]歌，歡樂極兮哀情多。少壯幾時兮奈老何！

此詩為西元前一〇五年，漢武帝劉徹巡行河東汾陰，與群臣在舟中宴飲時所作。全詩從大自然所見的場景：秋風、白雲、草木黃、雁南飛，轉而思人懷情，再轉而意氣風發：橫中流、揚素波、簫鼓鳴，再轉為哀傷，樂極悲來，對即將逝去的年華而感嘆。全詩幾次轉折，可見漢武帝的情感豐富，才氣縱橫。

〈秋風辭〉被稱為七言詩之始祖，從此七言古詩變成詩歌的主流。

班婕妤〈怨歌行〉

新裂[3]齊紈素[4]，鮮潔如霜雪。裁成合歡扇，團團似明月。出入君懷袖，動搖微風發。常恐秋節至，涼飆[5]奪炎熱。棄捐篋笥[6]中，恩情中道絕。

此詩又題為〈團扇〉，為漢成帝寵妃班婕妤所作。全詩以扇喻意，從白絹裁為團扇寫起，成為伴隨君王的隨身物，出入藏在君王袖中，可是也害怕一旦秋風起，涼意至，從此團扇被棄於篋笥之中，從此與君王的情意中道而絕。

班婕妤初受寵於漢成帝，後因趙飛燕得寵，從此班婕妤受冷落。此詩似描述班婕妤之情境，借團扇以自況，幽怨之情，溢於言表，為現存最早的宮怨詩。從此「秋扇見捐」被形容成感情生變、不再受寵之成語。

漢代詩歌上承《詩經》、《楚辭》，初無固定格式，全為作詩歌者隨心吟唱之作，但其後漸形成以七言、五言古詩為多之形式。

編注：

1騅：ㄓㄨㄟ，毛色蒼白雜黑色的馬。
2櫂：ㄓㄠˋ，划船用的槳。
3裂：截斷。「新裂」，意指剛從織機上扯下來。
4素：生絹，精細的素稱為「紈」。齊地所產的紈素最著名。

5 飆：急風。

6 篋笥：篋，音ㄑㄧㄝˋ，笥，音ㄙˋ。篋，放東西的箱子。笥，以竹、葦編成，用來放衣物或食物的方形箱子。

2 曹操留傳千古的詩作

曹操以權謀建立了龐大的帝國功業，但他也雅好詩詞，收攏了大批文士，形成日後文風鼎盛的建安文學，自己也留下了一些詩，而最知名的是意在招攬天下賢士的〈短歌行〉。

對酒當歌，人生幾何。譬如朝露，去日無多。
慨當以慷，憂思難忘。何以解憂？惟有杜康。
青青子衿，悠悠我心。但為君故，沉吟至今。
呦呦鹿鳴，食野之苹。我有嘉賓，鼓瑟吹笙。
明明如月，何時可掇？憂從中來，不可斷絕。
越陌度阡，枉用相存。契闊談讌[1]，心念舊恩。
月明星稀，烏鵲南飛。繞樹三匝[2]，何枝可依？
山不厭高，海不厭深。周公吐哺，天下歸心。

此詩豪邁的以「對酒當歌，人生幾何」起筆，感慨人生的無常，只有靠酒才能解憂愁。接著借用詩經中〈鄭風・子衿〉中的兩句：「青青子衿，悠悠我心」來比喻對天下賢才的渴求。為了賢才，反覆沉吟、思念。接著再引詩經〈小雅・鹿鳴〉中的四句：「呦呦鹿鳴，食野之苹。我有嘉賓，鼓瑟吹笙」，以描述賢士之來，曹操當以盛宴款待，並鼓瑟吹笙以表歡迎，賓主盡歡之場景。

接著，從「明明如月」到「心念舊恩」八句，再次強調曹操對賢才的期待，就像明月常明一般，不會終止。對賢才們不遠千里，跨過田間的小路，老遠來探望我，真不敢當；當我們見面時，一起飲酒談心，就像老友重逢一樣情投意合，興高采烈。

最後八句，立即導入全詩的主軸，隱喻天下賢士，就樣烏鵲一般，四處飛翔，要到哪裡才是棲身之地呢？「山不厭高，海不厭深」，再多的賢士到來，都不嫌多，我就像周公一般，一飯三吐哺，以禮廣待天下賢士，如此一來，天下的人心怎能不歸順於我呢？

全詩完全以隱喻的方法，形容曹操期待天下賢士來歸之心。曹操雖擅於權謀，但他對於爭天下的成功關鍵因素：賢士來歸，有著不可或缺的急切。在漢朝末年那個亂世，群雄並起，除了擁兵自重之外，「賢士的歸附」能為爭天下出謀劃策，提供意見，這也是決勝的關鍵；曹操作這一首〈短歌行〉，除了發抒內心的感慨之外，也有向天下賢士表白，以廣招徠之意。

這一首〈短歌行〉，說明曹操不只有勇，也有謀，頗能運用詩歌，以收盍興乎來之功。

編注：

1讌：宴飲。

2匝：周、圈。

3 讀李白之作，品味鵬搏九天、不可羈勒之作

讀詩必讀詩仙李白之詩作，要讀李白之詩作，則應從其天馬行空，享受人生放浪詩作開始。

在李白的眾多詩作中，我最喜歡〈將進酒〉及〈宣州謝朓樓餞別校書叔雲〉二首。前者頌讚飲酒之樂，後者盡現其人生隨興瀟灑之態度。

〈將進酒〉

君不見黃河之水天上來，奔流到海不復回。
君不見高堂明鏡悲白髮，朝如青絲暮成雪。
人生得意須盡歡，莫使金樽空對月。
天生我材必有用，千金散盡還復來。
烹羊宰牛且為樂，會須一飲三百杯。
岑夫子，丹丘生，

將進酒，君莫停。
與君歌一曲，請君為我側耳聽。
鐘鼓饌玉不足貴，但願長醉不復醒。
古來聖賢皆寂寞，唯有飲者留其名。
陳王昔時宴平樂，斗酒十千恣歡謔。
主人何為言少錢？徑須沽取對君酌。
五花馬，千金裘，
呼兒將出換美酒，與爾同銷萬古愁。

詩的前八句鋪陳了李白的人生態度，為歡樂飲酒開啟了序幕。奔流到海不復回的黃河、暮成白雪的容顏，意味著永不復回的人生，因此人生只能掌握時光，盡情歡樂。人也要相信自己，揮灑手中的財富，即便散盡千金，永遠可以再賺得回來，所以永遠不用擔心；這是多麼正向的人生啊！

接著李白呼喚酒伴：岑夫子、丹丘生，不要停下酒杯，並仔細聽李白的訴說：音樂美食都不足珍貴，我只願長醉不醒。自古以來的聖賢都寂寞，只有飲酒者留名。過去曹植在平樂設宴，一斗萬錢（十千）的美酒盡情喝。主人為何說錢少，把五花馬、千金裘都拿出來換酒喝，一起消解萬古的愁懷。

全詩雖以飲酒為名，其實盡顯李白的人生態度，其中又以「天生我材必有用」一句流傳千古，成為後世自我激勵的千古名句；又因對自己有信心，才可千金隨意散盡而不虞賺不回來，也才可以「人生得意須盡歡，莫使金樽空對月」。

不論李白的真實人生如何，他在酒中找到了曠達的世界。

另一首〈宣州謝朓樓餞別校書叔雲〉雖為送別之詩，但也充分表現了李白一生感受。

〈宣州謝朓樓餞別校書叔雲〉

棄我去者，昨日之日不可留；
亂我心者，今日之日多煩憂。
長風萬里送秋雁，對此可以酣高樓。
蓬萊文章建安骨，中間小謝又清發。
俱懷逸興壯思飛，欲上青天覽明月。

抽刀斷水水更流，舉杯銷愁愁更愁。
人生在世不稱意，明朝散髮弄扁舟。

這是李白作於西元七五三年，當時在宣州的謝朓樓設宴送別校書叔雲，其中誇讚了叔雲的才氣，既有蓬萊的文章氣勢，也有建安年代的風骨，文章也像謝朓一般清發多奇。可是除此之外，全詩可視為李白的人生感懷之作。

全詩從昨日與今日起筆，昨日既不可留，而今日更兼煩憂，在長風萬里送別的日子，可以在高樓中醉飲。

而在誇讚了叔雲的才氣之後，又轉回自身的感懷：胸懷無限的興致，想飛上青天覽明月，可是不解心中愁緒，就像抽刀斷水斷不了，水繼續流一般，以酒消愁卻更兼愁懷。而對不稱意的人生，只好明朝散髮弄扁舟了。

每當我心中煩亂之時，我都不免想起李白此詩：「棄我去者，昨日之日不可留。亂我心者，今日之日多煩憂。」一真是寫盡我的心中情懷，一再反覆沉吟。

而「抽刀斷水水更流，舉杯銷愁愁更愁」兩句，則動不動就為後人引用，李白的經典句法，後人只能追隨。

李白留給後世的作品極多，內容也極廣，可是對我而言，這兩首詩最能表現詩仙李白鵬摶九天、不可羈勒之胸懷，他面對不稱意的人生，也都坦然相對，曠達之情，溢於言表。

4 寄情風流瀟灑的人生想像——讀杜牧詩作

我一生稱不上風流瀟灑，可是心中從未停止過風流瀟灑的想望，而我一生對風流瀟灑的移情與寄託，就是徜徉在杜牧的詩中。

唐朝詩人杜牧一生官場並不如意，多在地方為刺史，足跡留連各地，尤其在江南留下了傳誦千古的詩作。

〈江南春〉

千里鶯啼綠映紅，水村山郭[1]酒旗[2]風。南朝四百八十寺，多少樓臺煙雨中。

這是我接觸的第一首杜牧的詩，當時我約莫十歲，姊姊買了一本《唐詩欣賞》，我正好讀到這首〈江南春〉，印象最深的是四百八十寺，有這麼多的寺廟，都浸潤在煙雨之中，這首詩也成為我理解江南風景最初的印象。

〈泊秦淮〉

煙籠寒水月籠沙，夜泊秦淮近酒家。商女不知亡國恨，隔江猶唱後庭花。

秦淮河是南京有名的宴飲之地，前兩句描述夜泊的場景，可是後兩句語意急轉直下，當聽到歌女唱和陳後主所作的〈後庭花〉一曲，感慨歷史的興亡，不忍重聽，只能假設歌女不能理解亡國之恨，持續唱著亡國之音。

年輕時，常以國家興亡為己任，每每見到社會中的安逸快樂景象，流行歌曲充斥著各種靡靡之音，我不免感嘆而獨唱〈後庭花〉。

〈遣懷〉

落魄江湖載酒行，楚腰纖細掌中輕。十年一覺揚州夢，贏得青樓薄倖名。

這是杜牧最放浪形骸之作，我也是從十歲就沉吟此詩，當時不可盡識詩中之意，唯覺杜牧是個瀟灑浪漫的詩人。年歲漸長，識得酒中滋味，偶爾也涉足歡場，瞭解其中真妙，更覺此詩是箇中佳作。

我也會沉湎在杜牧詩中的情境，想像自己縱情在舞榭歌台之中，盡情酣飲，也周旋在體態輕盈、婀娜細腰的美女之間，不覺匆匆已過十年，而得薄倖之名。

杜牧以薄倖自稱，算是誠懇而真實之描述。久處歌樓之中，難免閱人無數，只是逢場作戲，並未付出真情，以「薄倖」自稱，堪稱中肯。

〈贈別〉

多情卻似總無情，唯覺尊前笑不成。蠟燭有心還惜別，替人垂淚到天明。

這是杜牧離揚州，赴長安時之作，對象應是屬意的女子：離別時滿腔的情意無從表示，卻好似無情一般，當舉杯時卻笑不出來；只有蠟燭好像知道我們要惜別一般，不斷流下燭淚到天明。

杜牧雖歷經歡場，可是應是多情之人。此首可以看到杜牧細緻的感情，直白的描述離別的場景，也描述心中的感懷；想強顏歡笑，也笑不出來，然後藉蠟燭遣懷，說出流淚的描述。

此詩可通用於任何情境下與愛人惜別之場景，令天下離人感同身受。

〈秋夕〉

銀燭秋光冷畫屏，輕羅小扇撲流螢。天階夜色涼如水，臥看牽牛織女星。

此詩被認為是杜牧為宮中怨女所作，末句盡言牛郎織女離合悲歡之情。不過對我而言，我寧可認為這是杜牧於秋夕隨手之作。

在秋天的夜晚，銀色的月光照在冷冷的屏風上，手中拿著小扇拍打流螢，夜色照著階梯，清涼如水，仰望著天上的牛郎織女星。

如果說杜牧正巧看到牛郎織女星，隨興寫入詩中，未必與宮怨有關，應也可言之成理。

〈山行〉

遠上寒山石徑斜，白雲生處有人家。停車坐愛楓林晚，霜葉紅於二月花。

這也是杜牧郊行有感之作，走在山邊的石徑上，遠處的白雲飄緲之處有人家，停車看著晚秋的楓林景致，轉紅的樹葉和二月的紅花一樣紅。

簡單的野外描述，餘韻無窮。

〈清明〉

清明時節雨紛紛，路上行人欲斷魂。借問酒家何處有，牧童遙指杏花村。

此詩也是杜牧膾炙人口之詩，尤以「借問酒家何處有，牧童遙指杏花村」二句，更是人人琅琅上口。

我從小讀杜牧這些簡短的絕句，幾乎一生記憶不忘，他是我想望的詩人。

編注：

1 山郭：靠近山峰的村落、村寨。

2 酒旗：古代酒店外面掛的招牌。

5 笑傲大漠、吟詠征戰的豪邁詩歌

唐朝是中國國土及於新疆（中亞）的朝代，唐詩中不乏吟詠西域風情及戰爭實況的名作，每次讀及這種邊塞詩，都讓人興起萬丈豪情。

王昌齡〈出塞〉
秦時明月漢時關，萬里長征人未還。但使龍城飛將在，不教胡馬度陰山。

這是我在初中時就讀到的邊塞詩，當時就感到熱血沸騰，覺得人生就應該如此，也非常嚮往天蒼蒼、野茫茫的大漠西域；身為男兒，征戰沙場、建功立業，是多麼瀟灑快意的事。

尤其是一句「但使龍城飛將在」，更是銘刻我心，常想像自己就是那個戍守邊塞的龍城飛將，一夫當關，萬夫莫敵。

此詩也充滿了歷史與歲月的縱深，當下所見的景象，歷經了秦漢的歲月，而未還的征人，則訴說了征戰的永恆悲歌。

這首詩，除了歌頌出征的時事之外，也充滿了戰爭的淒涼。

陳陶〈隴西行〉

誓掃匈奴不顧身，五千貂錦喪胡塵。可憐無定河邊骨，猶是春閨夢裡人。

這應是寫得最真切，且最悲慘的出塞詩。除了直指五千將士傷亡殆盡之外，最深刻的是末兩句：「可憐無定河邊骨，猶是深閨夢裡人」，把出征將士與家人的思念聯繫起來，喪身異域的將士，家人不知其遭遇，仍然日夜思念，盼其歸來，這是多麼悲慘的事。

此詩令人不忍卒讀。

邊塞詩除了歌頌將士與哀憐傷亡之外，也有描述塞外風景及戰場實況的詩作，其中又以岑參最具盛名。

岑參〈熱海行送崔侍御還京〉

側聞陰山胡兒語，西頭熱海水如煮。海上眾鳥不敢飛，中有鯉魚長且肥。
岸傍青草常不歇，空中白雪遙旋滅。蒸沙爍石然虜雲，沸浪炎波煎漢月。
陰火潛燒天地爐，何事偏烘西一隅。勢吞月窟侵太白，氣連赤坂通單于。
送君一醉天山郭，正見夕陽海邊落。柏臺霜威寒逼人，熱海炎氣為之薄。

岑參是唐朝詩人中少數在西域停留很久的人，先在安西四鎮節度使高仙芝旗下任書記，後又在安西北庭節度使封常清手下任判官。其足跡遍歷河西走廊、新疆南北麓，最遠到中亞哈薩克境內；所作的詩歌經常有西域風光的直白描述，讓後人得窺當時的西域景觀。

此詩從描述熱海（今哈薩克境內伊塞克湖）水翻滾如煮下筆，水中有大鯉魚，水面上鳥不敢飛；峰邊則長滿了青草。天氣熱得沙子像被蒸過，爍石像被烤過一般，天上的雲也像燃燒起來一樣。陰火在天地間悶燒，老天爺為何就只烘烤西邊這塊地方呢？

最後進入全詩主題，在天山城郭與君一醉，你身為御史的威嚴寒氣逼人，連熱海的炎氣都減少了許多。

這是岑參送崔姓御史回京的詩，可是全詩都在描述西域風光，而又以「熱」字貫穿其中，「然虜雲，煎漢月」，把雲、月分別冠上胡人與漢人的主觀形容，最後再用御史的威嚴寒氣來對比氣候的熱，可謂一絕。

岑參還有許多描述西域的詩。當我到新疆旅遊時，在古高昌國遺址裡，導遊就不斷吟頌岑參的詩句，以讓遊客理解一千多年前的西域實況。岑參的詩不但傳頌古今，更重要的是留存西域風光的生活實景，讓後人可以體會。

6 訴說百姓疾苦的憐憫寫作

詩是作者描述見聞，發抒心中感受的創作，雖然不乏快樂場景的描述，也不乏苦難悲情的訴說。除此之外，詩人也會以詩歌諷刺時政，替小老百姓叫屈。

白居易所作的〈秦中吟〉十首組詩，就是感時諷世的代表作。這十首詩分別是：〈議婚〉〈重賦〉〈傷宅〉〈傷友〉〈不致仕〉〈立碑〉〈輕肥〉〈五弦〉〈歌舞〉〈買花〉。

白居易自陳：貞元、元和之際，他人在長安，看到許多足以令人悲傷的事，因而「直歌其事」，寫成〈秦中吟〉十首。

這十首〈秦中吟〉，第一首〈議婚〉，直言富家女早早有人提親議婚，而貧家女年過二十，仍無人問津，就算有人欲聘，也要考慮再三。白居易在詩中打抱不平，富家女婚後輕蔑其夫，而貧家女雖晚嫁，但嫁了之後孝順姑婆，到底要娶誰才對呢？

〈傷友〉一詩則直言陋巷孤寒士，當年年輕時，貧賤也相提攜，而今貴賤不相認，對面隔雲泥。能夠一本初衷者，少之又少。

〈不致仕〉一首則諷刺時人貪戀官場，年歲已高卻不肯退隱，仍然貪戀君恩，繼續尸位素餐，占據名位。

而〈秦中吟〉十首中，最為人稱道則為最後一首〈買花〉，娓娓道來，說盡了百姓疾苦。

〈買花〉

帝城春欲暮，喧喧車馬度。共道牡丹時，相隨買花去。
貴賤無常價，酬直看花數。灼灼百朵紅，戔戔五束素[1]。
上張幄幕庇，旁織籬笆護。水洒復泥封，移來色如故。
家家習為俗，人人迷不悟。有一田舍翁，偶來買花處。
低頭獨長歎，此歎無人諭。一叢深色花，十戶中人賦。

全詩為極淺白的文字，從長安的暮春說起，正是牡丹開花時，大家一起去買花，花沒有一定的價格，端看每一朵花而定。賣花的人想盡各種方法保護花，以確保移動後顏色不變。長安城家家都喜歡花，人人都樂此不疲。

至最後六句，全詩急轉直下，從田舍翁出現，感嘆一叢深色花的價格，是十戶中戶人家一年的賦稅。這是極強烈的對比，富貴人家買花觀賞的價值，直可以抵十戶中戶人家的賦稅，世間的不平若此，寧不令人感嘆。

除了白居易的〈秦中吟〉之外，還有鄭谷的名句「不會蒼蒼主何事，忍飢多是力耕人」，描述耕者都不得溫飽。

還有杜荀鶴的〈蠶婦〉：「年年道我蠶辛苦，底事渾身著苧麻？」養蠶人只能穿麻衣，這又是另一種對比。

編注：

1 灼灼：鮮明的樣子。戔戔：積聚的樣子。五束：二十五匹（一束是五匹）。鮮豔的紅花一百朵，價值二十五匹帛，描述驅車走馬的富貴閒人為買花而揮金如土。

7 令人熱血沸騰的詩歌

從小讀史最崇敬的人就是謝安、岳飛、袁崇煥等抵禦外侮、建功立業的古人；而最嚮往欣賞的古人，則是通西域的張騫，一生能開拓新領域，縱橫未知的世界，這是我最想效法的人生。

而這些讓我崇敬的人中，多數沒有好下場，岳飛被誣下獄而死，袁崇煥也受冤屈而死。另一位我也十分崇拜的人則是文天祥，他則是被元軍擒走而亡，不過文天祥留下了「人生自古誰無死，留取丹青照汗青」的千古名句，在我的心中有著獨特的崇高地位。

文天祥〈過零丁洋〉

辛苦遭逢起一經，干戈寥落四周星。山河破碎風飄絮，身世浮沉雨打萍。

惶恐灘頭說惶恐，零丁洋裡歎零丁。人生自古誰無死，留取丹心照汗青。

這是文天祥在西元一二七九年被元軍所俘，元軍元帥張弘範挾文天祥攻崖山，以招降崖山守將張世傑，文天祥作此詩以明志，寧死不降，也要守軍力守。

全詩從文天祥以經生及第，從軍開始，起兵撫元已歷經四個年頭，眼見破碎的山河，就像自己浮沉飄零的身世一般。接著用地名及心情串連了兩個雙關語，惶恐灘在江西贛江上，文天祥曾在此兵敗，因而說「惶恐灘頭說惶恐」。

而零丁洋則在今廣東中山縣珠江口，上有零丁山，山下即為零丁洋。而被擒的文天祥只能感嘆「零丁洋裡歎零丁」，此兩句對仗趣味，巧妙而工整。

全詩的重點在最後兩句：「人生自古誰無死，留取丹心照汗青」，以澎湃的氣勢，表達了文天祥寧可赴死的意願。人皆有死，死不足惜，亦不可怕，如果能死的適得其時，適得其所，轟轟烈烈，還可以留名史冊，供後人景仰、留念。

就是因為這首詩，我對文天祥特別印象深刻，也多了幾分崇拜之情，這可說是一首詩、一句話的力量。

8 以無題為名，卻真情款款的情愛詩歌

十幾歲時讀李商隱詩，尚無法盡解其中滋味，只覺得其詩中有一種說不出的情緒，內心不自覺糾結一處。及長，才知李商隱詩中所述說的乃是男女情愛，從此李商隱的詩，也成為我最喜吟詠的作品了。

在李商隱的作品中，尤其是以其「無題」為名的律詩，最是膾炙人口。

〈無題〉

昨夜星辰昨夜風，畫樓西畔桂堂東。身無彩鳳雙飛翼，心有靈犀一點通。

隔座送鉤春酒暖，分曹射覆蠟燈紅。嗟余聽鼓應官去，走馬蘭臺類轉蓬。

此詩最精彩是前四句，第一句標示了時間，也隱含了過程：就在昨夜，我們度過了美好的時光，用星辰與風來代表回味無窮的事；就在畫樓西，桂堂之東，這是地點。雖沒有可以雙飛的翼，但卻心靈相通，標示了兩人的親密關係。接下來兩句，都

是在形容酒宴中的敬酒遊戲：送鉤與分曹都是一種遊戲。最後兩句則感嘆聽到更鼓聲，只能起身上朝，持續漂泊無依的蓬草生涯。

昨夜的一場宴席，令人無限回味，字裡行間說盡了一切。

〈無題〉

相見時難別亦難，東風無力百花殘。春蠶到死絲方盡，蠟炬成灰淚始乾。
曉鏡但愁雲鬢改，夜吟應覺月光寒。蓬萊此去無多路，青鳥殷勤為探看。

前四句一樣是流傳千古的名句，全為淺白的文字，一看即懂，但餘味無窮。後四句則是想像女子分手後的場景，每日對鏡就怕容顏老去，對月吟唱猶覺月光寒冷，思念之餘，只能委託青鳥殷勤探問。

〈無題　之一〉

來是空言去絕蹤，月斜樓上五更鐘。夢為遠別啼難喚，書被催成墨未濃。
蠟照半籠金翡翠，麝熏微度繡芙蓉。劉郎已恨蓬山遠，更隔蓬山一萬重。

〈無題 之二〉

颯颯東風細雨來，芙蓉塘外有輕雷。金蟾齧鏁燒香入[1]，玉虎牽絲汲井迴[2]。
賈氏窺簾韓掾少，宓妃留枕魏王才。春心莫共花爭發，一寸相思一寸灰。

這是四首無題組詩的前兩首。第一首言主角久候樓上至五更天，但不見蹤影，只能在夢中想念，醒來急下筆寄意，不待墨濃。想像妳現在房中燭光搖曳，照著金翡翠的圖案，麝香微染芙蓉帳，只恨與妳遠隔蓬山，有一萬重之遠。

第二首則描述兩人見面的場景，就像西晉賈氏在簾後偷看韓掾，也像當年宓妃想念魏王一般，春心與花齊開，寸寸相思化為寸寸灰。

李商隱還有一首題為〈錦瑟〉的詩，其實也是一首無題詩，後世以為此詩是李商隱回首五十年來的日子，似為一生的總括。

〈錦瑟〉

錦瑟無端五十弦，一弦一柱思華年。莊生曉夢迷蝴蝶，望帝春心託杜鵑。
滄海月明珠有淚，藍田日暖玉生煙。此情可待成追憶，只是當時已惘然。

全詩從錦瑟起筆，五十弦代表過往年華，弦弦思念，回顧這一生就像莊子做了一場蝴蝶夢，也像望帝把一片春心化為杜鵑一般。滄海月明一句，形容傷心之甚，淚中有淚。藍田日暖一句則形容美好回憶不可捉摸，最後只能回憶此情，一切惘然。

李商隱絕對是一個情感豐富之人，尤其對男女之情更有深刻的體會，這幾首無題詩充分表現了李商隱的細膩情感，成為一再被引用的千古名句。

讀李商隱詩，不宜深究其意，只宜吟詠其韻，體會其情，想像其境，並反覆誦念其詩，就可感受其心境。

編注：

1 鏁：通鎖。此句意謂雖有金蟾（蟾形銅香爐）齧鎖，香煙猶得進入。

2 玉虎：井上的轆轤。絲：指井繩。此句意謂井水雖深，玉虎猶得牽絲汲之。

第六章——詞

忽視花間，獨取豪邁

我讀詞從李後主及蘇東坡開始，這兩位詞人也是我最喜歡的；李後主詞悲淒哀傷，蘇東坡詞豪邁而且寓意深遠，皆有別於其他詞家。

後來我逐漸兼及其他詞家，才知道詞有所謂花間詞派之說，花間詞不外乎吟風弄月，可是李後主在亡國北上之後，詞風也由之前的綺麗婉約，一轉為感懷傷情、緬懷故國的深刻體悟，開啟了詞的豪邁之風。

我不喜歡吟風弄月的花間詞風，在詞人之中只欣賞詞風豪邁的少數幾人，因此挑出來與讀者分享，都具有此一色彩。

李後主當然是不可或缺的，只不過李後主的詞，我挑選了他前期與大、小周后的情愛詞，也挑選了他亡國之後的悲憤詞；兩種詞風，判若兩人，不能想像竟是同一人所做。

蘇東坡的詞也是我的最愛，他的詞除了豪邁開闊之外，經常也蘊含了通達的人生智慧，如：「長恨此身非我有，何時忘卻營營」；又如：「此心安處是吾鄉」；又如：「酒賤常愁客少，月明多被雲妨」，句句發人深省。

辛棄疾也是不能忘記的詞人，我除了欣賞他的詞之外，更仰慕他的愛國情操，也敬佩他是一個能上馬殺敵的將軍，讀他的詞不覺熱血沸騰。

另一個以愛國馳名的詞人陸游，我沒有挑他的豪邁詞，反而選了他令後人揪心感嘆的情愛詞〈釵頭鳳〉，記述了他與唐婉的愛情故事，這也是讀詞時不能忽略的劇情。

許多宋詞名家，都不在我的選讀名單中，或許這是我的偏見吧！

1 破格於花間，流傳於雄奇——南唐李後主詞

我是因為一句「四十年來家國，三千里地山河」，而接觸李後主的詞。縱深的歷史感，再加上開闊的空間，帶有雄渾的氣派，從此我讀遍了李後主的詞，也從他晚期被俘時的悲傷之作，再溯源到他為一國之君時的豔麗詞風。我對李後主能在花間詞中獨樹一格，而後以悲壯雄奇的詞風流傳後世，感受極深。

身為南唐最後一個皇帝，他其實是個瀟灑的文人，多才而浪漫，但不擅治國。在位時活在北宋的威脅下，無所作為，待宋軍兵臨城下，李後主降於軍門。讀李後主的詞，要先從他早期治豔的情詩下手：

〈菩薩蠻〉

花明月暗飛輕霧，今宵好向郎邊去。剗襪步香階，手提金縷鞋。畫堂南畔見，一晌偎人顫。奴為出來難，教君恣意憐。

這詞是寫李後主與小周后幽會的場景。在花明月暗薄霧的夜晚，小周后偷偷與李後主會面，手提著鞋，只穿著襪，躡手躡腳前去，在畫堂南畔相見：依偎在你懷中，奴家很難得出來，今夜就由你憐惜了。

好一幅偷情的影像，寫盡了所有的實景，尤其最後兩句：「奴為出來難，教君恣意憐。」一字裡行間之外，有無限旖旎的想像，餘味十足、精彩。

李後主另有一詞名為「一斛珠」，是寫與大周后恩愛的情景，亦為名作。

〈一斛珠〉

晚妝初過，沉檀輕注些兒個，向人微露丁香顆。一曲清歌，暫引櫻桃破。羅袖裛[1]殘殷色可[2]，杯深旋被香醪[3]涴[4]。繡床斜憑嬌無那，爛嚼紅茸，笑向檀郎唾。

大周后是李後主的夫人，是一個有才氣的女藝人。全詞都在寫大周后的一張嘴，在嘴唇抹上含有沉檀香的脂膏，向人微微露出嘴中的舌頭；丁香顆形容舌頭，清歌一曲，如櫻桃初破。羅袖染上紅色，酒杯的邊緣也沾上了酒的紅斑，斜倚在繡牀上，無限嬌羞，一口唾向檀郎。

這也是用文字抒寫的微電影，我們可以很清晰的體會李後主與大周后的情愛過程。

只是宋軍南來，驚破霓裳羽衣曲，被俘到北方的李後主，飽嘗了亡國之苦。

〈破陣子〉

四十年來家國，三千里地山河。鳳閣龍樓連霄漢，玉樹瓊枝作煙蘿。幾曾識干戈？

一旦歸為臣虜，沈腰潘鬢[5]銷磨。最是倉皇辭廟日，教坊猶奏別離歌，揮淚對宮娥。

這應是李後主被虜北上後的第一闋詞，回憶當時被俘，離開都城的場景，從四十年、三千里開闊的時空寫起，瓊樓玉宇化為煙蘿，都是因自己不懂干戈。被俘後，腰瘦了，髮也白了。最後三句最為傳神，倉皇辭廟，耳中猶聞教坊的別離歌，只能揮淚對宮娥。悲傷之情，溢於言表。

〈相見歡〉二首

林花謝了春紅，太匆匆。無奈朝來寒雨晚來風。胭脂淚，相留醉，幾時重？自是人生長恨水長東！

無言獨上西樓，月如鉤。寂寞梧桐深院鎖清秋。剪不斷，理還亂，是離愁。別是一番滋味在心頭。

此兩闋詞從林花下筆，到人生長恨；從無言上西樓，思緒剪不斷、理還亂，離愁猶在心頭，可以看出李後主的悲憤與無奈。

另一闋詞〈浪淘沙〉也有無限的哀痛。

簾外雨潺潺，意闌珊，羅衾不耐五更寒。夢裡不知身是客，一晌貪歡。

獨自莫凭闌，無限江山，別時容易見時難。流水落花春去也，天上人間。

在一個雨夜，一覺醒來：在夢中完全忘了自己已被俘，仍舊懷念夢中的歡愉。一個人千萬別凭闌遠望，想起無限江山，易別難見，一切就像落花流水春去，只有在天上才能得見人間往事。

這可以說是道盡了李後主不時遭遇的煎熬，午夜夢醒，思前想後，悲從中來。

還有一闋詞最足以代表李後主悲憤的心情：

〈虞美人〉
春花秋月何時了，往事知多少？小樓昨夜又東風。故國不堪回首月明中。
雕闌玉砌應猶在，只是朱顏改。問君能有幾多愁？恰似一江春水向東流。

長期的拘旅生涯，讓李後主不耐，連春花秋月都覺得不耐煩，此時卻又吹起東風，讓李後主想起故國。故國的建築應該都還在，只是我的容貌已經變了，無限的愁懷，恰似一江春水向東流。

李後主的兩段人生，對比強烈，前半生優雅而快樂，享盡人間美事；後半生變成俘虜，嘗盡了嘻笑怒罵，再加上思鄉之苦，成就了李後主情感豐富的詞風，自然流傳千古。

編注：

1裛：ㄧˋ，薰蒸，這裡指香氣。

2可：模糊貌。

3醪：ㄌㄠˊ，香醪意指美酒、醇酒。

4涴：ㄨㄛˋ，汙染、弄髒。

5沈腰潘鬢：比喻男子的身體瘦弱，早生白髮。

2 行所當行蘇東坡

從小到大讀了無數蘇東坡的文字，不論是詩、詞、散文，每每覺得怎會有人能寫出這樣的文字，流暢優美，宛如行雲流水，天馬行空。蘇東坡的才氣，令後人吟詠再三，只能背誦追隨，連模仿都不可能。

記得年輕時讀〈赤壁賦〉，他信手拈來，把一場泛舟之遊寫得活靈活現，幾乎段段有佳句，一句都不能漏，只得全文背誦。而蘇東坡在寫情、寫景之餘，還不時上溯歷史，緬懷古人，其間還摻雜著做人處事的體悟，常有發人深省之句。全篇讀之，除領略其文字之優美，還能感受其超凡脫俗之人生境界。

而蘇東坡的詞，更秉持此一文風，把人生的悲歡離合、順境逆境、高潮低谷，全寫入詞中，使我在讀蘇東坡之詞時，看不到其他詞家風花雪月、傷春悲秋之扭捏作態，只感受其超然豁達的人生態度。

舉例而言，在〈定風波〉中，蘇東坡一句「一蓑煙雨任平生」，道盡人間的開闊，末了再接一句「也無風雨也無晴」，為人生做了最完美的註解。又如在〈臨江仙〉中：「長恨此身非我有，何時忘卻營營」，讓忙於仕途、官場、商場的人，直有發聾振聵之功。又如在另一闋〈定風波〉中，最後一句「此心安處是吾鄉」，也讓無數期待歸鄉而不可得的人，能就地安頓，豁然開朗。

蘇東坡的詞，更不乏氣勢雄渾之作。如赤壁懷古的〈念奴嬌〉，從起筆的「大江東去，浪淘盡，千古風流人物」，就呈現出無比的大氣。再到「亂石崩雲，驚濤拍岸，捲起千堆雪」，道盡了三國時代的巨變，最後筆鋒一轉，「多情應笑我，早生華髮」，回到自身的感受。再以「人間如夢，一尊還酹江月」作結，一切戛然而止，真是應了那一句：「行於其所當行，止於其所不可不止」，令人拍案叫絕。

再如蘇東坡流傳千古的名作：〈水調歌頭〉，幾乎句句是經典，從「明月幾時有，把酒問青天」起筆，就是千古絕句，接著「不知天上宮闕，今夕是何年」，再接著「又恐瓊樓玉宇，高處不勝寒」，「起舞弄清影，何似在人間」，更是佳句。最後以「人有悲歡離合，月有陰晴圓缺，此事古難全。但願人長久，千里共嬋娟」作結，感動了無數的後人。

蘇東坡的詞幾乎篇篇可讀，篇篇寫到人心深處，在本書中我已引用了許多蘇軾的名篇以註解人生，在此僅再錄數篇，以饗讀者。

〈江城子・乙卯正月二十日夜記夢〉

十年生死兩茫茫。不思量，自難忘。千里孤墳，無處話淒涼。縱使相逢應不識，塵滿面，鬢如霜。

夜來幽夢忽還鄉。小軒窗，正梳妝。相顧無言，惟有淚千行。料得年年腸斷處，明月夜，短松岡。

這是蘇東坡悼念亡妻之作，在妻子離別十年時，蘇軾夢見亡妻而作此詞。十年來妳我皆茫茫無知，不須思量，永遠難忘。妳的孤墳，遠在千里之外，無限淒涼，現在我倆就算見面，也應認不出來，因為我塵滿面，兩鬢雪白。昨夜夢見我回到故鄉，妳倚窗梳妝，我們相對無言，只留下千行淚。在月明之夜，妳的墳前，我會年年傷心斷腸。

此詞表現了蘇東坡的柔情愛妻之心。

〈西江月・黃州中秋〉

世事一場大夢，人生幾度新涼。夜來風葉已鳴廊，看取眉頭鬢上。

酒賤常愁客少，月明多被雲妨。中秋誰與共孤光？把盞淒然北望。

這是蘇軾謫居黃州時所作，用最簡單的文字，寫出心中感受。世間恍如一場大夢，人生又能經歷幾個新涼的秋天，風吹動樹葉，響徹迴廊，我眉頭髮上又添銀白。酒不好，常愁客人少，明月總被雲遮，誰能與我共賞中秋月？只能拿起酒杯，望向北方。

其中「酒賤常愁客少，月明多被雲妨」，是餘韻深遠的兩句。這是典型的蘇式風格，在寫景詠情之餘，常會隱含妝點人生、發人深省的佳句。

蘇東坡之所以有如此徹悟的人生感觸，應與他仕途幾度起伏有關。二十一歲之年赴京應試時，即獲得歐陽修之賞識，名動京師，可是後來因反對王安石變法，而自請出京任職，歷任各地知州，頗有政績。

後因上書皇上，被指為諷刺朝廷，陷入烏台詩案入獄，後被貶至黃州，心灰意冷之極，在此成就了蘇軾無數名篇，如〈赤壁賦〉等。

五年之後，蘇東坡重被任用，回朝廷任職。時王安石變法失敗，朝政紊亂，蘇軾再上書力陳，不見容於新舊黨，而再度出外任官，至杭州，築西湖蘇堤。

其後再因故被貶至嶺南惠州，最遠還到海南島，但蘇軾卻看破世情，以海南為第二故鄉，興學教化文風，留給海南人無限思念。

其後大赦北歸，途中死於常州。

蘇軾生性放達，才氣縱橫，詩、詞、文章、書信俱佳，且在文中表達了對人生的思考，深富哲理；雖然一生坎坷，可是始終保持著頑強的信念，與超然灑脫的人生態度。

3 金戈鐵馬讀辛棄疾

我第一次接觸到辛棄疾是他膾炙人口的名篇：〈青玉案〉；當我讀到「眾裏尋他千百度。驀然回首，那人卻在，燈火闌珊處」，不禁拍案叫絕，成為辛詞的愛好者。

及長，讀了辛棄疾的生平故事，更加深了對辛棄疾的尊敬，辛棄疾不僅是詞人，更是個能上馬殺敵的將軍。他出生於北方，二十二歲時就在濟南起義，率領鄉親二千餘人抗金，並投效耿京的義軍，而後南向投宋，獲宋高宗召見，並委以抗金重任。

後耿京為叛徒張安國所殺，辛棄疾率領五十騎兵長驅直入山東，將正在飲酒作樂之張安國捉拿，並號召耿京所屬反正。辛棄疾此舉，舉世震驚，因而名重一時。

其後，辛棄疾一生都在積弱不振的南宋，但無時無刻不做匡復中原之思，屢向朝廷建議北伐，也在湖南自建飛虎軍。只是，所有的努力抵不上朝廷的偏安求和心態，辛棄疾終其一生，只能「卻將萬字平戎策，換得東家種樹書」。

辛棄疾氣勢雄渾的豪邁詞，與宋朝大多數詞家完全不同，因為他是一個武將，有上馬征戰的實務經驗，因而描述的沙場景致，更為真實而深刻。

〈破陣子・為陳同甫賦壯詞以寄之〉

醉裏挑燈看劍，夢回吹角連營。八百里分麾下炙[1]，五十弦翻[2]塞外聲。沙場秋點兵。

馬作的盧[3]飛快，弓如霹靂弦驚。了卻君王天下事，贏得生前身後名。可憐白髮生。

陳同甫即陳亮，也是一位有心匡復中原的志士，辛棄疾與其同氣連枝，時相唱和，這闋詞就是寫給陳亮的意氣風發的想像，只可惜壯志未酬。

全詞都在描寫軍旅情事，從挑燈看劍，到吹角連營的沙場點兵，馬騎得像的盧一樣快，弓聲如霹靂。只是這一切卻無法完成君王統一天下的志業，為自己贏得好的名聲，只能眼看白髮徒增，年華老去。

辛棄疾信手拈來，就把軍中實景活生生呈現，完全不須堆砌文字，就能體會將軍的心情與作戰的實況。

除了這種描述沙場的豪邁詞之外，辛棄疾也有氣派恢弘的懷古之作。

〈永遇樂‧京口北固亭懷古〉

千古江山，英雄無覓，孫仲謀處。舞榭歌台，風流總被，雨打風吹去。斜陽草樹，尋常巷陌，人道寄奴[4]曾住。想當年，金戈鐵馬，氣吞萬里如虎。

元嘉草草，封狼居胥[5]，贏得倉皇北顧。四十三年，望中猶記，烽火揚州路。可堪回首，佛狸祠下，一片神鴉社鼓。憑誰問，廉頗老矣，尚能飯否？

這是辛棄疾在鎮江登臨北固亭的懷古之作，從當年的孫仲謀打敗北方來犯的曹操開始，只是這些風光的往事，早已成過往，只有回想當年氣吞萬里的事蹟。

接著下闋，辛棄疾從元嘉年間南朝宋文帝北伐之舉失敗收場，再回想自己從北方南來，從事抗金行動，正好是四十三年。走在長江邊的佛狸祠下，鼓聲迴盪，神鴉停棲，回想自己年歲已老，只能以廉頗自喻，仍能吃斗米、十斤肉，且能披甲上馬作戰。

此詞有無限的淒涼感，回想歷史典故，成敗互見，而辛棄疾一生抗金的願望，始終未能實現，只能自哀自嘆。

辛棄疾的豪情，不斷出現在字裡行間，如：「要挽銀河仙浪，西北洗胡沙」〈水調歌頭〉；「馬革裹屍當自誓，蛾眉伐性休重說」〈滿江紅〉；「道男兒、到死心如鐵。看試手、補天裂」〈賀新郎〉。辛棄疾從二十二歲，率家鄉父老二千多人起義抗金，可是終其一生，未能有所成，但豪情從未滅，至死不渝。

辛棄疾除了戎馬一生、豪情萬丈之外，也是極出色的詞家。他為宋代的詞走出新局，擺脫了詞只能在寫景、寫情、傷春、悲秋、花前、月下有所著墨的限制，辛棄疾加上人生的各種情境，使他的詞風題材廣闊、風格多樣，無事不可入詞，給溫柔穩約的宋詞帶來了新的風貌。

辛棄疾除了豪邁的詞風之外，寄情山水與男女情愛的詞也多有佳作。

〈祝英台近〉

寶釵分，桃葉渡。煙柳暗南浦。怕上層樓，十日九風雨。斷腸片片飛紅，都無人管，更誰勸，啼鶯聲住。

鬢邊覷。試把花卜歸期，才簪又重數。羅帳燈昏，哽咽夢中語。是他春帶愁來，春歸何處？卻不解帶將愁去。

這是典型的情愛之詞，把寶釵分為兩股，這是贈別，上闋全在寫分別。下闋則轉到女主角身上：取下鬢邊的花，數著花瓣來預測心上人的歸期，數了又數，自己在夢中念著，是春天把愁帶來，而春歸去了，卻又不曾把愁帶走！

辛棄疾描述女主角的動作極為細膩而傳神，女主角嘗試用花卜歸期，剛數完一次，又重複數第二次，把女主角心煩、手足無措的行為全部描寫出來，最後以怨春作結，令人餘味猶存。

〈醜奴兒・書博山道中壁〉

少年不識愁滋味，愛上層樓。愛上層樓，為賦新辭強說愁。
而今識盡愁滋味，欲說還休。欲說還休，卻道天涼好個秋。

這是辛棄疾閒居帶湖的作品，時年歲已大，回想少年時完全不知憂愁，只知登高望遠，為了寫詞，去強說愁，把年少時故作姿態之舉述說無遺。可是現在年長了，已識得各種愁滋味，想說又不敢說，話到嘴邊，卻只是淡淡的說「天涼好個秋」。

把人生年少時與年老時的心境對比表露無遺，這首詞我年輕時就十分喜歡，也常

「為賦新詞強說愁」，可說是說中了我內心的真話。

編注：

1八百里：牛的名字。炙：烤肉。此句意為把牛肉分給部下享用美餐。

2五十弦：意指有五十根弦的樂器「瑟」，詞中泛指軍樂合奏的各種樂器。翻：演奏。

3的盧：額頭有白斑的烈性快馬。相傳三國時劉備被人追趕，騎「的盧」一躍三丈過河，脫離險境。

4寄奴：南朝宋武帝劉裕小名寄奴。當時北方中原被少數民族占領，劉裕於京口起事，北伐滅南燕、後秦，推翻東晉自立為帝。

5封狼居胥：原指漢將軍霍去病打敗匈奴，追到狼居胥山，封山而還。後用以指建立顯赫武功。

4 愛國詩人的情愛詩篇

南宋知名詩人陸游，一向以愛國著稱，他臨死前寫了一首詩〈示兒〉，留傳千古：

死時原知萬世空，但悲不見九州同。王師北定中原日，家祭勿忘告乃翁。

在陸游臨死前，猶念念不忘中國北方仍在胡人手中。他的詩詞充滿了豪邁的戎馬之聲，一生以匡復中原為志業，但王室偏安江左，以致陸游的詩詞充滿了憂國傷時、有志難伸之情。

不過愛國詩人陸游在憂國憂民之外，他的情愛故事，更是精彩感人。〈釵頭鳳〉一詞是他情愛故事的代表作：

紅酥手，黃縢酒，滿城春色宮牆柳。東風惡，歡情薄。一懷愁緒，幾年離索？

錯！錯！錯！

春如舊，人空瘦，淚痕紅浥鮫綃[1]透。桃花落，閒池閣。山盟雖在，錦書難託？莫！莫！莫！

紅酥手，形容女性美麗的膚色；東風惡，形容環境不允許兩情相悅的人在一起。離開的兩人，滿懷愁緒，幾年都不能忘，一切都錯了。

下闋，改為女主角的口吻：春光如舊，只是伊人獨憔悴，淚痕浸透了手帕，桃花已落，庭院幽深，無心登臨，過去的盟誓雖在，卻無法託以錦書，不可，不可，不可。

此詞意會重於細讀，其中隱含了陸游一段悲傷的愛情故事。

主角是陸游與其前妻唐婉，兩人是青梅竹馬的表兄妹，長大了順理成章的結為夫婦，兩人恩愛異常。但後來陸游屢試不第，陸母怪罪唐婉牽絆了陸游的仕途，再加上唐婉未能生兒育女，於是想盡了辦法，逼迫陸游休妻，十分孝順的陸游雖然百般不願，但最後只能順從。

離婚後，兩人各自婚嫁，唐婉嫁趙士程為妻，也很美滿，只是陸游始終前情難忘。

沒想到十餘年之後，兩人在杭州遊沈園時相遇。當時陸游獨自一人，而唐婉偕同夫婿趙士程同行，趙士程也知陸游是唐婉前夫，也深知兩人深情難捨，讓唐婉給陸游送酒致意，引發了陸游的無限思念。

這闋〈釵頭鳳〉，就是陸游提筆寫在沈園垣壁上的詞，思念、離情、悔恨、悲悽，錯綜難捨，其中尤以「錯、錯、錯」、「莫、莫、莫」，六個字代表了全詞張力的最高潮。

在知道陸游提了〈釵頭鳳〉一詞之後，唐婉也和了一闋〈釵頭鳳〉：

唐婉〈釵頭鳳〉

世情薄，人情惡，雨送黃昏花易落。曉風乾，淚痕殘，欲箋心事，獨倚斜闌。難！難！難！

人成各，今非昨，病魂常似秋千索。角聲寒，夜闌珊，怕人尋問，咽淚裝歡。瞞！瞞！瞞！

唐婉的〈釵頭鳳〉或有一說是後人的偽作，不過，是否偽作無關緊要，至少延續了陸游與唐婉的愛情故事。

據說唐婉在寫了〈釵頭鳳〉之後，不久就去世了，留給了陸游無限的思念。在唐婉死後，陸游又多次遊沈園，再寫了幾首以沈園為題的詩：

〈沈園〉二首

城上斜陽畫角哀，沈園非復舊池臺。傷心橋下春波綠，曾是驚鴻照影來。

夢斷香消四十年，沈園柳花不吹綿。此身行作稽山土，猶弔遺蹤一泫然。

驚鴻指的是唐婉，不吹綿指的是不再開花飄柳絮，儘管自己已經步入老年，即將入土，但憑弔故人蹤跡，仍不禁泫然淚下。

這是陸游纏綿一生的愛情故事。表兄妹從童年就開始的兩小無猜，成就兩人一生的深情，而兩人也一度成就美滿姻緣，度過了一段快樂的時光，豈料硬生生被陸母拆散。

在這個悽婉的愛情故事中，有一個不可或缺的關鍵人物：唐婉的再婚夫婿趙士程，他完全能理解唐婉與陸游的深情，而且充分諒解，對唐婉也十分鍾愛，讓這個愛情故事不致出現節外生枝。

陸游的愛國情操與愛情一樣濃烈，成就了陸游豐富的人生體驗。

編注：

1 鮫綃：鮫，音ㄐㄧㄠ，綃，音ㄒㄧㄠ。鮫綃，傳說中鮫人所織的綃，借指薄絹、輕紗。

5 精彩宋詞選讀

宋詞除了蘇軾、辛棄疾、李後主等名家之外，尚有詞人無數；有人以一詞成名，有人以數詞流傳，在此摘錄出一些我特別喜愛的個別名篇，和讀者一起品味。

晏殊〈浣溪沙〉

一曲新詞酒一杯，去年天氣舊亭臺，夕陽西下幾時迴？
無可奈何花落去，似曾相識燕歸來，小園香徑獨徘徊。

晏殊為北宋知名人物，官至相國，也為宋代的詞壇前輩，詞風承五代，而自成一格。

此詞全為簡白文字，無深奧的典故，卻寫出極深的韻味。新詞伴酒而和，徘徊亭臺之下，天氣也與去年一樣，看著夕陽西下，何時能回？無可奈何看著落花，歸來的燕兒似乎曾相識，一個人獨自徘徊花間小徑中。

此詞最有名的兩句：「無可奈何花落去，似曾相識燕歸來」，有一個典故。晏殊有一次與王琪散步池畔，當時值晚春有落花，晏殊說：我有一聯，一直未曾對出來，就是「無可奈何花落去」，王琪隨口應答：「似曾相識燕歸來」，從此成就名句。

歐陽修〈玉樓春〉

尊前擬把歸期說，未語春容先慘咽。人生自是有情痴，此恨不關風與月。
離歌且莫翻新闋，一曲能教腸寸結。直須看盡洛城花，始共東風容易別。

歐陽修是北宋知名政治家，卻以詩詞文流傳後世，留有《六一詞》一卷。

此詞寫別情，把兒女分別情境寫得真情盡現：尊前把酒說歸期，但話未出口，卻已不成聲，人生總有痴情人，離別的愁恨不關風月。離歌不須譜新曲，已能肝腸寸斷，還是直接看盡洛陽花吧，這樣才能與東風告別。

以歐陽修這樣知名的政治人物，為文以載道，說理冷靜清晰，可是涉及男女情愛，卻又如此纖細，實在令人難以想像。

名句：人生自是有情痴，此恨不關風與月。直須看盡洛城花，始共東風容易別。

歐陽修〈南歌子〉

鳳髻金泥帶，龍紋玉掌梳，走來窗下笑相扶。愛道：畫眉深淺入時無。

弄筆偎人久，描花試手初。等閒妨了繡功夫，笑問鴛鴦兩字怎生書。

這又是歐陽修另一情愛名篇，寫的是男女兩情相悅，深情互動的情景。頭上的鳳髻繪著泥金，旁邊插著龍紋的梳子，在窗上笑語相扶，問道：我的畫眉深淺如何？拿起筆相依偎，試著畫描花，莫荒廢了繡功夫，一邊還問道：鴛鴦兩個字要怎麼寫？

其中，「畫眉深淺入時無」及「笑問鴛鴦兩字怎生書」是最膾炙人口的兩句，不時被後人引用。

范仲淹〈蘇幕遮〉

碧雲天，黃葉地。秋色連波，波上寒煙翠。山映斜陽天接水。芳草無情，更在斜陽外。

黯鄉魂，追旅思。夜夜除非，好夢留人睡。明月樓高休獨倚。酒入愁腸，化作相思淚。

范仲淹是宋朝軍事家，率兵拒西夏，西夏人莫敢來犯，其詞留有甚少，這是最著名的篇章。

此詞寫的是離鄉遠去的別情。天空飄著青色的雲，地上鋪滿了黃葉，秋色綿延接上遠處的煙霧。山映照著斜陽，水天相接，無情的芳草，好似在斜陽外。黯然的思鄉之情，滿懷遠行的愁緒，夜來只有好夢才能入睡。明月照著高樓，一個人還是不要獨倚欄杆，酒喝到愁腸之中，卻化作相思的眼淚。

這顯然是范仲淹離鄉去國所作之詞，深刻的描寫眼前所見的景色，雲天、黃葉、秋色，重重疊疊，而以無情芳草作結。

接著再回到旅人之思，夜夜難入睡，只能期待好夢，最後兩句：「酒入愁腸，化作相思淚」屢被後人引用。

張先〈天仙子〉

水調數聲持酒聽，午醉醒來愁未醒。送春春去幾時回？臨晚鏡，傷流景，往事後期空記省。

沙上並禽池上暝，雲破月來花弄影。重重簾幕密遮燈，風不定，人初靜，明日落紅應滿徑。

張先是北宋詞人，曾有人稱其為張三中，即心中事、眼中淚、意中人，他自己卻說：不如稱張三影，指的是「雲破月來花弄影」、「嬌柔懶起，簾押捲花影」、「柳徑無人，墜飛絮無影」，皆為其得意之作。

本篇從聽著「水調」之歌飲酒下筆，午睡雖醒，但愁懷依舊，送走春天，春天幾時才能再來？臨鏡傷情，徒然記取往事。禽鳥在沙上並排睡覺，月光穿破雲，花影搖曳，重重簾幕遮住燈光，風不停，人已靜，明日落花應鋪滿小路。

作者在家飲酒，不禁愁來傷春，想起往事種種，而一句「雲破月來花弄影」更是千古佳句。

李清照〈減字木蘭花〉

賣花擔上，買得一枝春欲放。淚染輕勻，猶帶彤霞曉露痕。

怕郎猜道，奴面不如花面好。雲鬢斜簪，徒要教郎比並看。

李清照是宋朝知名女詞人，嫁予趙明誠為妻，感情甚篤，生活優渥。其後北方淪陷，她與丈夫南渡，家財散盡，生活清苦，後趙明誠去世，李清照孤獨存活，詞風因而大變。

此詞是李清照早期作品，夫婦生活美滿，也充斥在此詞中。淚染輕勻，形容花上的露珠，像紅霞般露出光芒，花朵十分美麗，卻怕自己不如花好看，故意斜插髮簪，要和花比一比，看誰好看；把小女兒的心事形容得十分細緻。

李清照〈一剪梅〉

紅藕香殘玉簟秋，輕解羅裳，獨上蘭舟。雲中誰寄錦書來，雁字回時，月滿西樓。

花自飄零水自流，一種相思，兩處閒愁。此情無計可消除，纔下眉頭，卻上心頭。

這是李清照婚後，夫婿趙明誠負笈遠遊，李清照思念無著時作。

紅藕指荷花，玉簟指竹蓆，蘭舟，小舟也；荷花已殘竹蓆冷，一幅秋天蕭瑟樣，獨自一人泛小舟。雁子飛回來了，月滿西樓，會有書信捎來嗎？花已飄零水自流，兩人相處兩地，卻都一樣相思。無法消除的相思，才下眉頭，又上了心頭。

此詞寫盡了李清照思念夫婿之情。

李清照〈聲聲慢〉

尋尋覓覓，冷冷清清，悽悽慘慘戚戚。乍暖還寒時候，最難將息。三杯兩盞淡酒，怎敵他、晚來風急。雁過也，正傷心、卻是舊時相識。

滿地黃花堆積。憔悴損，如今有誰堪摘。守著窗兒，獨自怎生得黑。梧桐更兼細雨，到黃昏、點點滴滴。這次第，怎一個愁字了得。

這是李清照晚年獨自過著淒苦生活時所作，起筆用數個疊字，聲聲重複著悲淒之意，在又熱又冷的時候，最是難過，就算喝了幾杯酒，也敵不過晚上吹起的風。在傷心時，野雁飛過，好像是舊相識，地上鋪滿了黃花，人徒然憔悴，還能摘黃花嗎？獨自守著窗兒，怎能熬到天黑？雨打梧桐，到黃昏時還下個不停，這時節，只有一個愁字可以形容。

這是李清照的代表作，其疊字之運用，無人可及，其中一個「黑」字用得極巧，道盡了一個人獨處的寂寞無奈，韻味無窮。

第七章——曲

通俗白話
但最透視人性的吟唱

元曲又分小令、散套及雜劇。一般讀元曲通常由小令開始，我也不例外。讀高中時，我先讀到了幾首元曲小令，很奇怪的，只不過念了幾遍，這些小令我就記住了一輩子，偶爾也會脫口而出，顯然這都是非常通俗粗淺的文字，很容易琅琅上口。

後來我又買了一些元曲的書，閒暇無事就不時翻閱，我越來越喜歡元曲直白而口語化的寫作型式，充分反映了那個時代的生活情境及人生觀。

元曲的小令充斥著生活周遭事物的寫作，花草樹木、鳥蟲獸魚都可以是創作題材；喜怒哀樂及人生感觸也可以成曲，而作者對這些尋常事物的形容，又常令人拍案叫絕。

元曲中也不乏嘆世、警世的寫作，而這些篇章最後都歸結到隨遇而安、與世無爭、不必計較的人生態度，因為秦皇漢武都已不存在，宮闕樓台也都會化為塵土，只有享受當下的快活人生，才是最真實的。這樣的人生態度讓我極為嚮往，雖然在現實人生中，我無法如此泰然，可是元曲成了我的逃避及寄託。

最令我拍案叫絕的是元曲中對情愛的描述，有許多男女親密相愛的畫面，都在元曲中有極為寫實的描繪，把男女相處的細膩情節，用最口語化的呈現，極具想像力。

在讀完小令之後，我也會兼及套曲。套曲通常有一個主題，可以寫人生，如馬致遠的〈夜行船．秋思〉；也可以寫歷史，如〈高祖還鄉〉；也可以詼諧寫現實中的某一個片斷，如〈莊稼不識勾欄〉，都十分有趣。

至於雜劇，都是長篇的戲曲，不容易閱讀，但偶爾挑其中某一幕來閱讀，也很有味道。

1 尋常事物及生活情景的低吟淺唱

元曲原來就來自市井之間的吟詠流傳，充斥了口語化的表述，而創作內容上也無所不包，生活周遭的尋常事物、花草樹木、時序天氣、日常用品，無物不可入曲，讓元曲讀來令人充滿了熟悉，也意外發現了許多趣味。

王和卿〈醉中天・詠大蝴蝶〉

彈破莊周夢，兩翅駕東風。三百座名園一採一個空。難道是風流孽種，諕殺尋芳的蜜蜂。輕輕飛動，把賣花人搧過橋東。

這是用了莊周夢蝶的典故來描寫蝴蝶。最後兩句，拍動的翅膀，竟然可以把賣花人搧過橋東，充滿了想像力。

關漢卿〈大德歌・秋〉

風飄飄，雨瀟瀟，便做陳摶也睡不著。懊惱傷懷抱，撲簌簌淚點拋。秋蟬兒噪罷寒蛩兒叫，淅零零細雨打芭蕉。

風飄細雨，秋愁滿懷，就算是古代的睡仙陳摶在此刻也睡不著。懊惱傷情，淚如雨下，秋蟬和寒蛩輪流叫，窗外細雨打在芭蕉上。此曲把秋天的蕭瑟與人的愁緒結合在一起，再對照秋蟲的吵鬧，以及雨打芭蕉聲，更加令人心煩慮亂。

除了寫天氣之外，也寫人：

白樸〈沉醉東風・漁父〉

黃蘆岸白蘋渡口，綠楊堤紅蓼灘頭。雖無刎頸交，卻有忘機友。點秋江白鷺沙鷗，傲殺人間萬戶侯，不識字煙波釣叟。

前兩句直接清楚的寫出地點，紅蓼是一種植物，在渡口與灘頭，有一個人徜徉在大自然美景中，雖沒有刎頸交，卻有忘機友，這種生活簡直羨煞了人間萬戶侯，這個人就是不識一個大字的漁夫。

白樸此曲假借漁夫，說出看破世塵的感受，下筆清新，意境深遠，可謂佳品。

白樸另一曲寫臉上黑痣，也甚有趣。

白樸〈醉中天‧佳人臉上黑痣〉

疑是楊妃在，怎脫馬嵬災？曾與明皇捧硯來，美臉風流殺。叵奈揮毫李白，覷著嬌態，灑松煙點破桃腮。

借筆楊貴妃，來形容有痣的美女，風流殺意指風流極了，美麗的臉龐充滿風流韻味，無奈李白揮毫，看著嬌態，用松煙在臉上點上黑痣。

用古人、用想像來寫臉上黑痣，是李白用墨汁點上，美化了桃腮上的黑點，充滿了趣味。

除了寫物、寫景、寫人之外，元曲中也有許多寫生活中的閒情，把尋常生活寫得逸趣橫生。

關漢卿〈四塊玉‧閒適〉

舊酒投，新醅潑。老瓦盆邊笑呵呵，共山僧野叟閑吟和。他出一對雞，我出一個鵝，閑快活。

南畝耕，東山臥。世態人情經歷多，閑將往事思量過。賢的是他，愚的是我，爭什麼？

在老瓦盆前拿出舊酒新酒，與小僧野叟閒聊淺酌，下酒的是他出的雞與我出的鵝，多快活啊！在南畝耕種、在東山隱居，已經歷了世事人情，回想過往之事，聰明的是別人，而我是愚人，與他們有什麼好爭的？

這是形容歸隱後閒來低吟淺唱、飲酒作樂的場景，往來的都是鄉野之人，毫無利害往來，反而情意真摯。然後回想一生，總結自己是個愚人，怎能與這世上的聰明人爭鬥呢？

最後兩句是全曲重點：享受生活「閒快活」，看破塵世「爭什麼」。

張可久〈人月圓・春晚次韻〉

萋萋芳草春雲亂，愁在夕陽中。短亭別酒，平湖畫舫，垂柳驕驄。一聲啼鳥，一番夜雨，一陣東風。桃花吹盡，佳人何在，門掩殘紅。

這是張可久依照別人的韻腳寫成，描寫在晚春時節離別的場景。在晚春中，芳草萋萋，用亂字形容春雲，以映照心中的起伏，在夕陽中有無限愁緒，只因為想起了過去分別的場景。在短亭喝別酒，在畫舫中等候，在馬上送別。接著用三個對仗句堆砌離別的情緒：一聲啼鳥、一番夜雨、一陣東風，最後用「佳人何在，門掩殘紅」作結。

馬致遠〈撥不斷・菊花開〉

菊花開，正歸來。伴虎溪僧鶴林友龍山客，似杜工部陶淵明李太白，有洞庭柑東陽酒西湖蟹。哎！楚三閭休怪。

此曲用了許多歷史上的人物，虎溪僧為晉時高僧慧遠，送客不過虎溪，一次與陶淵明且談且走，不覺過溪，虎大鳴，故稱虎溪僧。鶴林友唐人，嘗往來鶴林寺。龍山客，晉孟嘉為桓溫參軍，在龍山宴中，風至吹帽落地，謂之落帽風。此三人皆隱逸獨行之士，以形容自己的縱情快意生活，並以杜甫、陶淵明、李白自喻，再加上美酒、美食、佳果，此日子正可長醉不醒，楚大夫屈原就別怪我了（因屈原以眾醉獨醒自居）。

這是馬致遠形容悠閒無事生活的美好，元曲中常做此主張。在暢談人生之餘，最後要錄一首我最喜愛的小令，此曲在看透事情的豁達之外，還有積極面對的健康態度。

張可久〈慶東原・次馬致遠先輩韻〉

詩情放，劍氣豪，英雄不把窮通較。江中斬蛟，雲間射鵰，席上揮毫。他得意笑閒人，他失腳閒人笑。

這是一首豪情萬丈的小令，除了縱情詩歌、快意舞劍之外，還要忘懷世俗的成功失敗，仍然要做一些豪邁瀟灑的事：江中斬蛟，雲間射鵰，席上揮毫，至於得意失意由他去，了不起是笑閒人或被閒人笑而已。

此曲是典型的人生瀟灑走一回，一生快意隨興，順其自然，這也是我想望的人生最高境界。

2 超凡脫俗、看透世情的詠嘆

嚴格來說，元朝並非生活安定的年代，蒙古人對漢人的歧視，讓許多人萌生出世的想法。這樣的氛圍也影響了元曲的創作。在元曲中經常可見對混亂世情的喟嘆，也很常見到「道不行，乘桴浮於海」的出世想法。

尤侗〈駐雲飛・十空曲〉

豎子英雄，觸鬥蠻爭蝸角中。一飯丘山重，睚眥刀兵痛。茶，世路石尤風，移山何用，飄瓦虛舟，不礙松風夢，君看爾我恩仇總成空。

此曲題旨為「十空曲」，重點在一個「空」字，而這十首十空曲各有主題。本曲的主題在「爾我恩仇」，勸世人應看破是非恩怨、愛恨情仇，因為到頭來，總是一場空，要看淡世情，坦然面對。

豎子指的是小子，為了小事爭鬥不休。把一飯之恩看得重如山，睚眥指怒目相視，互相看不順眼，就要刀兵相見。石尤風是大風，世路就像颶風一樣，抵擋不住。飄落的屋瓦與空船，都不礙松風夢，指的是世情的變動，都不會阻礙看透世情的豁達，因此人與人之間的恩仇，終究只是一場空，不必太在意。

另一首元曲卻直指世事的險惡，人應該急流勇退，好自為之：

汪元亨〈醉太平・警世〉

憎蒼蠅競血，惡黑蟻爭穴。急流中勇退是豪傑，不因循苟且。嘆烏衣一旦非王謝，怕青山兩岸分吳越，厭紅塵萬丈混龍蛇。老先生去也。

從蒼蠅競血、惡蟻爭穴下筆，指的是世事的險惡、血腥、混亂，只有急流勇退才是豪傑，千萬不要因循不決。感嘆過去顯赫一時的王謝家族，一旦衰落，也就無人聞問；也害怕大好河山一旦分吳越，就難免戰亂頻仍；更討厭漫漫紅塵的人世間，好人壞人、賢愚不肖龍蛇雜處，無法分辨。末了一句「老先生去也」，指的是看破世情的人，從此掉頭就走，遠離是非之地。

這世界不只人心險惡，更充滿了不公不義的不平之事：

無名氏〈朝天子．志感〉

不讀書有權，不識字有錢，不曉事倒有人誇薦。老天只恁忒心偏，賢和愚無分辨。折挫英雄，消磨良善，越聰明越運蹇。志高如魯連，德過如閔騫，依本分只落得人輕賤。

此曲作者不明，全曲道盡了世界的不公平現象。世事沒有合理的章法，不是努力就會有好結果，有權的、有錢的人，看起來都沒什麼道理，弄得這世界賢愚都分不清了。像魯仲連一樣才高，像閔子騫一樣德厚的人，一切依本分從事，卻只會落得人輕賤，被人看不起。

這種不公平現象，應是亂世的表徵，而人一旦處於亂世，最佳的自處之道就是避世獨立、遠離塵世了。

面對如此混亂的世局，人又應該如何應對呢？

白樸〈慶東原．嘆世〉

忘憂草，含笑花，勸君聞早冠宜掛。那裡也能言陸賈，那裡也良謀子牙，那裡也豪氣張華。千古是非心，一夕漁樵話。

伴著忘憂草，看著含笑花，這日子多美好，勸你早早辭官歸隱。陸賈是漢朝人，出使南越，遊說南越王歸漢，以能言名。良謀子牙指姜太公。張華晉朝人，有豪志，為王佐之才，故曰豪氣張華。這三者皆是歷史名人，但最後又如何呢，還不是化為塵土。最後兩句，為全曲定調：千古是非心，一夕漁樵話；千古歷史的豐功偉業，都不過是漁夫樵夫茶餘飯後的聊天題材罷了！人又何須爭呢？

元曲中充斥著這種出世的論調，似乎反映了當時的社會實況，留給後人一些想像與猜測。

這種出世的論點，間接也延伸到曲家們對歷史的看法，一切都是過眼雲煙，只成了漁樵夜話。

馬致遠〈折桂令．嘆世〉

咸陽百二山河，兩字功名，幾陣干戈。項廢東吳，劉興西蜀，夢說南柯。韓信功兀的般證果，蒯通言哪裡是風魔？成也蕭何，敗也蕭何，醉了由他。

這是用歷史的眼光來看世界的變化。咸陽百二山河，寫的是秦朝的功業，但也只落得為功名而興的幾陣干戈。接著說楚漢相爭，項羽最後刎頸江東，劉邦則從西蜀興盛，但也都歸為南柯一夢。再接著寫歷史人物：韓信功名蓋世，卻落得叛國之名，蒯通最後只能裝瘋，這些都是功名之害。

此曲最後的結論是：醉了由他。因為世界的變動，一切都因功名而起，也因功名而廢，這不是「成也蕭何，敗也蕭何」嗎？

另一首〈山坡羊〉則感嘆百姓的痛苦：

張養浩〈山坡羊・潼關懷古〉

峰巒如聚，波濤如怒，山河表裡潼關路。望西都，意踟躕。傷心秦漢經行處，宮闕萬間都做了土。興，百姓苦；亡，百姓苦。

作者面對潼關的雄偉山勢，宛如波濤一般；西望關中，那是秦漢建立王國的地方，只是現在所有的宮闕都已成塵土，不論興亡，苦的都是百姓。

這是少見從人民的觀點來看歷史演變，並且為人民發聲的作品。

3 淺白而直接的情愛篇章

情愛永遠是每一個時代不可或缺的元素，在元曲中也是如此，長篇的雜劇中充斥著像《西廂記》《浣紗記》《牡丹亭》等名曲，而在小令中也不乏描述愛情的篇章。只不過元曲中描述愛情的手法有別於唐詩、宋詞，極少婉轉的形容，也少用典故，反而多以淺白的口語，對男女情愛做最直接的描述，讀來別有一番滋味。

在元曲所有的情愛描述中，我最喜歡的是姚燧的〈憑闌人〉，短短數語道盡了情愛中的思念之情，我自第一次讀到，便從此牢記於心，隨時能琅琅上口。

姚燧〈憑闌人．寄征衣〉

欲寄君衣君不還，不寄君衣君又寒，寄與不寄間，妾身千萬難。

這是描寫少婦思念出征的丈夫，全無一思字，無一情愛之詞，只有假借寄征衣一事，道盡了少婦對丈夫的懷念。

征衣是一定要寄的，只是借題發揮，從寄與不寄之間，顯示妾身的為難，道盡了少婦心中的苦楚，將小女子的心思寫得淋漓盡致，這是思念的絕佳之作。

另一曲思念則是從男性的角度下筆，也寫得餘韻不絕。

徐再思〈折桂令・春情〉

平生不會相思，才會相思，便害相思。身似浮雲，心如飛絮，氣若游絲。空一縷餘香在此，盼千金遊子何之。證候來時，正是何時？燈半昏時，月半明時。

一個在感情上不以為意、十分矜持的男子，自以為不會陷入情愛之思，可是一旦陷入，才會相思，便害相思；身如浮雲飄蕩，無處寄託，心也如飛絮一般，思緒起伏，只剩像游絲般的一口氣尚存。隨時感覺到妳身上的餘香在我身邊繚繞，我這個千金遊子要到哪去呢？思念的症候，何時會來呢？在燈半昏時，月半明時，最是想念。

一個人一旦陷入相思，身、心、氣都出現症狀，心神不寧，魂牽夢繫，氣若游絲，懨懨成病。最後再轉到現實的場景，就在月明將暗的黃昏時候，最是相思難耐。簡明的筆法，寫盡了男子的情懷，讓所有處在思念情緒中的人同聲一嘆。

元曲中還有許多實際描述男女親密接觸的場景，也寫得絲絲入扣，令人叫絕。

關漢卿〈一半兒・題情〉

碧紗窗外靜無人，跪在床前忙要親，罵了個負心回轉身。雖是我話兒嗔，一半兒推辭一半兒肯。

這是多麼寫實的描述，在四下無人的屋裡，男士急著想親近，跪在床前索吻，妳卻轉身避開，一邊罵我是負心人，可是我聽出來妳說話的口氣，雖是假裝生氣，但心中卻是一邊想推辭，一邊又願意。

男女相處，難免吵吵鬧鬧，在男子表現愛意之時，女方又嬌又羞，又推辭、又願意，一方面期待，一方面又害怕被傷害。這是床笫之愛的前戲。寫得又真實，又具想像力。

另一曲〈紅繡鞋〉也寫得韻味十足。

貫雲石〈紅繡鞋・歡情〉

挨著、靠著雲窗同坐，偎著、抱著月枕雙歌，聽著、數著、愁著、怕著早四更過。四更過情未足，情未足夜如梭。天哪！更閏一更妨什麼？

這首曲子寫一對情愛正濃、不願分開的戀人，嫌良夜苦短，徹夜未眠，共度良宵的場景。

兩個人先挨著靠著在窗邊相依偎，接著偎著抱著在月枕上歌唱，耳鬢廝磨，兩情繾綣，可是心中卻放不下離別將至，聽著數著就過了四更。可是四更已過，但情未足，一夜卻已如梭飛逝。最後一句，不禁喊出心中的期待：天哪！更多一更能有什麼妨礙呢？

這是絕對寫實的描述，任何沉湎在情愛中的男女，一定都有類似的感受，一夜纏綿絕對猶嫌不足，就期待這一刻能永恆持續，停留在愛戀之中。只是時光易逝，天總要亮，只能在心中想像如有多一刻的相處。

當然，元曲中也有較含蓄的情愛描述：

貫雲石〈清江引・惜別〉

若還與他相見時，道個真傳示，不是不修書，不是無才思，繞清江買不得天樣紙。

這是對別後思念的最婉轉的形容。

若再見到分別的人，請幫我傳個口信，我不是不寫信給你，也不是沒有思念之情，只是繞遍了清江城，就是買不到天一樣大的紙。

如何表達思念之情呢？當然是修書寫信，只是我為何不寫信呢？只因為我的懷念，要有天一樣大的信紙，才能盡述我的情懷，可是我偏偏買不到這麼大的紙。

作者用「天樣紙」來表達滿腔思念，用喻極巧，令人叫絕。

元曲表達男女情愛，大都用類似的極口語化的表達，更具真實感，也更直接濃烈。

4 元曲中趣味的疊字與對句

元曲中常以白話入曲，這些才氣縱橫的曲家們也會在文字中展現創意，其中疊字的運用，就有特殊的韻味。

喬吉〈天淨沙・即事〉

鶯鶯燕燕春春，花花柳柳真真，事事風風韻韻。嬌嬌嫩嫩，停停當當人人。

此曲全由疊字組成，在元曲中風格獨具。這應是模仿李清照〈聲聲慢〉的筆法而來，全曲的真正意義不得而知，只能運用想像力去解讀。

前兩句的「鶯燕春」、「花柳真」六個字，可能指的是真實世界的情景，春天的鶯鶯燕燕，隨處飛翔，園中的花與柳樹，看來格外真實。

而後三句，從風風韻韻與嬌嬌嫩嫩來看，應該是描寫女性，一舉一動皆散發出風韻，再加上嬌嫩的外表，人人都安適妥當。全曲應是描述女性活動在春天花園中的場景。

除了這首全曲疊字之外，也還有不斷重複疊字的例子。

王實甫〈十二月過堯民歌・別情〉

自別後遙山隱隱，更那堪遠水粼粼。見楊柳飛絮滾滾，對桃花醉臉醺醺。透內閣香風陣陣，掩重門暮雨紛紛。怕黃昏忽地又黃昏，不銷魂怎地不銷魂，新啼痕壓舊啼痕，斷腸人憶斷腸人。今春，香肌瘦幾分？摟帶寬三寸。

前六句的末兩字全用疊字，用得極巧且饒富趣味，有效的加重了全句的文意。其後則在同一句內重複同樣的名詞，也有耍弄文字的企圖，韻味十足。

全曲是在描述思念情人的女子，在閨房中坐立難安的情景。想起別後已遠隔遙山，也被遠水阻隔，看到園中的楊柳飛絮飄飄，我像桃花般的臉龐就好像喝醉了酒一般。內閣中飄來香風陣陣，可是重門外卻下起雨來。雨，把女子心中的愁緒帶到最高潮。

接著就是女子心境的描述：怕黃昏，黃昏就來，不想傷心，可是卻不自覺傷心起來，臉上的新啼痕已蓋過舊啼痕，斷腸人正在懷念著斷腸人。而今，我清瘦了幾分？腰帶已寬了三寸。

此曲思念之情深刻動人，流傳極廣。

元曲中還有一種由統一的對仗格式寫作，讓全曲展現出文字的功力。

湯式〈折桂令〉

冷清清人在西廂，叫一聲張郎，罵一聲張郎。亂紛紛花落東牆，問一會紅娘，絮一會紅娘。枕兒餘，衾兒剩，溫一半繡床，閒一半繡床。月兒斜，風兒細，開一扇紗窗，掩一扇紗窗。蕩悠悠夢繞高唐，縈一寸柔腸，斷一寸柔腸。

這是以《西廂記》中的崔鶯鶯為主角，所寫的一首曲，用以描述其心中的變化。全曲無冷僻的字眼，皆為可意會的口語，從崔鶯鶯獨坐西廂開始：在心中呼喚一聲張郎，也罵一聲張郎，只因想念。接著問紅娘，又假裝沒事說兩句。再來描寫床上情景，人不在，我只溫了一半繡床，另一半空著。接著看著窗外：紗窗一下開，一下關。不知不覺想起高唐雲雨之歡，那真是縈一寸柔腸，又斷一寸柔腸。把崔鶯鶯思念張生之情景，寫得活靈活現。

全曲皆以既定的格式，進行對仗，每一句話都寫出了兩種不同的情景，這也是另類的疊字用法。

5 百歲夢蝶的秋思套曲

在所有的元曲散套中，後世流傳最廣的應是馬致遠的〈夜行船套‧秋思〉，整首套曲一氣呵成，而且充滿了智慧的話語，不斷被後人模仿、複誦，是讀元曲中不可錯過的篇章。

馬致遠〈雙調‧夜行船套‧秋思〉

〔夜行船〕百歲光陰一夢蝶，重回首往事堪嗟。昨日春來，今朝花謝，急罰盞夜闌燈滅。

〔喬木查〕想秦宮漢闕，都做了衰草牛羊野。不恁麼漁樵沒話說。縱荒墳橫斷碑，不辨龍蛇。

〔慶宣和〕投至狐蹤與兔穴，多少豪傑。鼎足雖堅半腰裡折，魏耶？晉耶？

〔落梅風〕天教你富，莫太奢，沒多時好天良夜。富家兒更做道你心似鐵，爭辜負了錦堂風月。

〔風入松〕眼前紅日又西斜，疾似下坡車。不爭鏡裡添白雪，上床與鞋履相別。休笑巢鳩技拙，葫蘆提一向裝呆。

〔撥不斷〕利名竭，是非絕。紅塵不向門前惹，綠樹偏宜屋角遮。青山正補牆頭缺，更那堪竹籬茅舍。

〔離亭宴煞〕蛩吟罷一覺才寧貼，雞鳴時萬事無休歇。何年是徹？看密匝匝蟻排兵，亂紛紛蜂釀蜜，急攘攘蠅爭血。裴公綠野堂，陶令白蓮社。愛秋來時那些：和露摘黃花，帶霜分紫蟹，煮酒燒紅葉。想人生有限杯，渾幾個重陽節。人問我頑童記者：便北海探吾來，道東籬醉了也。

破題的第一段以「百歲光陰一夢蝶」為全文定調，一切皆為一夢，無須太認真。嗟指悲傷，罰盞指飲酒，回首往事，難免悲傷，就飲酒到深夜吧！

二、三段「喬木查」與「慶宣和」用回顧歷史的高度，闡明了一切豐功偉業皆轉眼成空。當年的秦宮漢闕都成了衰草牛羊野，不這樣漁樵們就沒話可說。所有的荒墳斷碑早就不辨，也成了狐兔出沒之地，三國鼎足但半途夭折，早已不辨魏晉。

第四段「落梅風」奉勸富豪子弟別過度豪奢，好日子不長久。

第五段「風入松」則提醒世人年華易老，很快就日薄西山。不爭意思是「真的是如此」，很快就滿頭白髮。其中一句「上床與鞋履相別」尤為經典，道盡了害怕來日無多的情景。

第六段「撥不斷」，指人生應有所選擇，告別名利，遠離是非，過著不招惹紅塵的日子。在竹籬茅舍之中，看著綠樹遮住屋角，看青山映在牆頭，這是多好的日子啊！

第七段也是最後一段，道盡全曲重點「及時行樂」。蛩是蟋蟀，蟋蟀停止吟唱，睡覺才安穩，雞鳴時萬事才休，這要什麼時候才能看透？徹指看得開。接著描述了三種血淋淋的競爭場景，形容人間可怕：蟻排兵、蜂釀蜜、蠅爭血。看透世情之後，人就可以有選擇。

裴公指裴度，建綠草野堂，飲酒作樂，不問世事。陶令是陶淵明，與高僧名士結於東林寺，寺中多植白蓮，號為白蓮社。要像裴公及陶淵明一般神遊物外，不問世事。最享受的是秋天來時的場景：摘黃花、分紫蟹、燒紅葉。回想人一生能喝多少酒呢？又能過幾個重陽節呢？如果有人問我哪去了？就算是北海太守孔融來看我，就告訴他「我辭了」。

任何人讀完此篇，可能都會油然而興「出走」與「避世」的想法，告別紛擾爭執的名利場，回到田園之中，秋來帶霜分紫蟹，煮酒燒紅葉，這是多麼快意的事？

不過，要能出走避世，首先自己要能看得開，要能習慣竹籬茅舍的簡單生活，也要能靜坐看青山綠樹、日升日落。其實，並不是每個人都能接受告別名利是非的日子。

此曲有馬致遠極深的人生體悟，再加入極美的文字堆砌，自然成為人見人愛的名篇。

6「折柳攀花手」關漢卿的不伏老

讀元曲，不能不認識關漢卿，不論是小令或套曲都筆觸傳神，痛快淋漓，而且關漢卿還留有《拜月亭》《竇娥冤》《單刀會》等雜劇，其創作廣泛，是讀元曲必讀的著作。

關漢卿一生多才多藝，編寫雜劇，並參與導演及演出，活躍在元朝的首都大都（北京）；他生活浪漫，出入風月場所，並以此自豪。他所寫下的〈不伏老〉套曲，就是他一生的寫照，讓我們可以看到關漢卿放浪形骸的樣子，也可以想像元朝時的歡場實況。

關漢卿〈南呂・一枝花套・不伏老〉

〔一枝花〕攀出牆朵朵花，折臨路枝枝柳。花攀紅蕊嫩，柳折翠條柔。浪子風流。憑著我折柳攀花手，直煞得花殘柳敗休。半生來弄柳拈花，一世裡眠花臥柳。

〔梁州第七〕我是個普天下郎君領袖，蓋世界浪子班頭。願朱顏不改常依舊，花中消遣，酒內忘憂。分茶[1]攧竹[2]，打馬[3]藏鬮[4]，通五音六律滑熟，甚閒愁到我心頭！伴的是銀箏女銀臺前理銀箏笑倚銀屏，伴的是玉天仙攜玉手並玉肩同登玉樓，伴的是金釵客歌金縷捧金樽滿泛金甌。你道我老也，暫休。占排場風月功名首，更玲瓏又剔透。我是個錦陣花營都帥頭，曾玩府遊州。

〔隔尾〕子弟每是個茅草崗沙土窩初生的兔羔兒乍向圍場上走，我是個經籠罩受索網蒼翎毛老野雞蹅踏的陣馬兒熟。經了些窩弓冷箭鑞鎗頭，不曾落人後。恰不道人到中年萬事休，我怎肯虛度了春秋。

〔尾〕我是個蒸不爛煮不熟搥不匾炒不爆響噹噹一粒銅豌豆，恁子弟每誰教你鑽入他鋤不斷斫不下解不開頓不脫慢騰騰千層錦套頭。我玩的是梁園月，飲的是東京酒，賞的是洛陽花，攀的是章臺柳。我也會圍棋會蹴鞠會打圍會插科會歌舞會吹彈會嚥作會吟詩會雙陸。你便是落了我牙歪了我口瘸了我腿折了我手，天賜與我這幾般兒歹症候。上兀自不肯休。則除是閻王親自喚，神鬼自來勾，三魂歸地府，七魄喪冥幽。天哪！那其間才不向煙花路兒上走。

第一段「一枝花」是個開場白，圍繞花、柳作文章，攀出牆朵朵花，折臨路枝枝柳，說自己是折柳攀花手，半生來弄柳拈花，一世裡眠花臥佛。

第二段「梁州第七」則是更準確的描述自己折柳攀花的豐功偉績：普天下郎君領袖，蓋世界浪子班頭，口氣不凡，分茶、攧竹、打馬、藏鬮，都是當時的娛樂遊戲，都是作者所擅長的。接著說了幾個角色：銀箏女、玉天仙、金釵客，不外是美女、歌妓，都是每天往來的對象。你說我老了？一點也不，我仍然風月功名站排首，也是風月場都帥頭（一號人物）。

最後一段「尾」，說自己是一個蒸不爛、煮不熟、搥不扁、炒不爆響噹噹一粒銅豌豆，鑽入了鋤不斷、砍不下、解不開、頓不脫的溫柔圈套中；錦套頭，指的是美好的圈套。接著把自己喜歡的事物，精銳盡出。玩的是梁園月，飲的是東京酒，賞的是洛陽花，攀的是章臺柳。所有的都是最高級，我也什麼都會玩。就算你打斷我的手腳，我這種愛玩的壞毛病也不會停止。除非是閻王親自傳喚、神鬼來勾，三魂歸地府，七魄喪陰間，我才會不走風月場所的煙花路。

這一篇應是關漢卿的自述，把自己在煙花路上的種種行徑，用最直接而寫實的方式呈現。他對自己的縱情風月，不但沒有羞愧，反而還帶了幾分驕傲，以自己能成為「郎君領袖」、「浪子班頭」自豪，強調自己雖已年老，可是還是經驗老到，見聞廣博，絕不肯承認自己「已到中年萬事休」。

這首套曲還展現了疊字、襯字、排字、對句的運用，所以讀此曲，最理想的讀法是直接朗誦，多念幾次，這樣才能領略其中襯字與對句的韻味。

此曲也充分表現了元曲中口語化的白描特色，自然、奔放，值得吟詠再三。

編注：

1分茶：又稱茶戲。指沏茶時，運用手上功夫使茶湯的紋脈形成不同物象，從中獲得趣味的技藝遊戲，約始於北宋初期。

2攧竹：攧，音ㄉㄧㄢ，顛動竹筒，使筒中某支竹簽首先跌出，視簽上標誌以決勝負。

3打馬：在圓牌上刻良馬名，擲骰子以決勝負。

4藏鬮：鬮，音ㄐㄧㄡ，即藏鉤，一種猜拳遊戲。飲酒時手握小物件，使人探猜，輸者飲酒。

第八章——散文

經典古文中特別感受深刻的文章

中國的國學經典浩如煙海，如果一生能讀其一二，已屬難能，所幸古人早已就其中精彩的篇章，彙集成冊，如《古文觀止》、《昭明文選》等，從這些書下手，應是接觸國學經典最方便的做法。

我讀古文，也是從這些書開始，從其中讀到精彩的篇章之後，再追本溯源，進一步讀原典，像我讀到屈原的〈漁父〉，再去接觸屈原賦；讀到〈曹劌論戰〉，再去翻閱《左傳》；讀蘇軾的〈赤壁賦〉，再兼及蘇軾其他的文章。這是按照自己的興趣，再量力而為，不必有目標，也不必有壓力，完全是自由自在的隨興閱讀。

可是在讀古文中，也有一些篇章，讓我感受極深，如蔡文姬的〈胡笳十八拍〉。當我讀到蔡文姬身陷匈奴，成為左賢王之妃，並為其生下兩子，其後多事的曹操遣使洽商，終於讓蔡文姬歸漢，卻硬生生的拆散她們母子，最後因而留下了〈胡笳十八拍〉這樣的淒美篇章，令人油然而生揪心之嘆。

再如當我讀到嵇康的〈與山巨源絕交書〉，嵇康堅持己見的擇善固執，最後不免於身死，嵇康的風骨躍然紙上。

還有當我讀到〈北山移文〉這樣的諷世經典，看到其中華麗的文字堆砌，不禁讚嘆中國文字的優美。

又如當我讀到〈錢神論〉這樣的文章，對作者的洞察人情世故，把錢對人類社會的影響，做了極為精準的描述，已超越了讀古文的樂趣，更學到正確的人生態度。

這些都是我閱讀的古文中，特別令人感受深刻的篇章。

1 堅持理想與隨波逐流的對話——屈原賦・漁父

讀古文，不可不讀《詩經》、《楚辭》，而讀《楚辭》，不可不讀屈原賦。屈原賦中，文辭簡要又寓意深遠者，非〈漁父〉莫屬，讀〈漁父〉可理解屈原的清高自持，也可體會在混亂世俗中生活的道理。

〈漁父〉是屈原賦的最後一章，屈原在述說了楚國的亂象，與自己崇高的理想之後，用〈漁父〉來為自己的應對之道做一個總結，並假借與漁父的對話，說明「堅持理想」與「和世俗妥協以隨波逐流者」的差異。

漁父〈屈原賦卷七〉

屈原既放。遊于江潭。行吟澤畔。顏色憔悴。形容枯槁。漁父見而問之曰。子非三閭大夫與。何故至於斯。

屈原曰。舉世皆濁我獨清。眾人皆醉我獨醒。是以見放耳。漁父曰。聖人不凝滯于物。而能與世推移。舉世皆濁。何不淈其泥而揚其波。眾人皆醉。何不餔其糟而歠其釃。何故深思高舉。而自令放為。屈原曰。吾聞之。新沐者必彈冠。新浴者必振衣。安能以身之察察。受物之汶汶者乎。寧赴湘流。葬于江魚之腹中。安能以皓皓之白。而蒙世俗之塵埃乎。漁父莞爾而笑。鼓枻而去。乃歌曰。滄浪之水清兮。可以濯吾纓。滄浪之水濁兮。可以濯吾足。遂去。不復與言。

全文從屈原被放逐起筆，流落江邊，在水澤旁長呼短嘆，臉色憔悴，身體瘦弱。一個漁父見了就問他：「你不就是三閭大夫屈原嗎？怎麼會淪落到這個地步呢？」

屈原回答說：「因為全天下人都混濁，事理不清，是非不明；只有我一個人是清醒的，而因為只有我堅持清醒，所以就被放逐了。」

漁父回答：「聖人心胸曠達，不會拘泥於世俗，不受外物牽絆，能隨著外在環境而調整。如果舉世皆混濁，你為什麼不也隨之攪攪爛泥，蹚蹚渾水呢？如果眾人皆醉，你為什麼不也跟著一起吃肉喝酒呢？為什麼要故做高調，自命清白，以至於被放逐呢？」

屈原又回答：「我聽說，剛洗完頭的人，會彈彈帽子，剛洗完澡的人，會整整衣服。我怎能以自己的潔白之身（察察：乾淨也），而去接觸骯髒之物呢（汶汶，髒也）？我寧願投身湘江，葬身魚腹，怎能以皓皓的清白，而蒙上世俗的塵埃？」

漁父笑一笑，划槳而去，一面又唱著：「滄浪之水清兮，可以洗洗我的頭纓，如果滄浪之水是髒的，那也沒關係，可以用來洗洗我的腳。」從此就走了，不再與屈原對話。

這篇〈漁父〉言簡意賅，全篇都在描述屈原的擇善固執，他信守一個讀書人為人處世的最高標準，對世俗的一切都看不順眼，還要嘗試去對抗，去改變，以致於不見容於現實世界，最後甚至不惜以身相殉，投江自清。這就是名留千古的屈原，他的風骨、節操，只能留待後人仰望、慨歎，卻難以模仿追隨。

而漁父是一個通曉世情、人情練達的長者，他的建議是可以秉持理想，但在行為上要稍微修正與妥協，要一定程度的尊重世俗的習慣，不要徹底推翻，然後再視狀況逐漸向自己的原則靠近，這就是「淈其泥而揚其波」的道理。只是這種作法，遇到了絕對標準的屈原，就完全行不通了。

不過漁父的最後一段話，還蘊含了深刻的人生哲學，「清兮濯纓，濁兮濯足」，這代表了人與環境的互動關係。人活在世上，各種環境都可能面對，我們不一定會遇到清澈的河水，而遇到濁水怎麼辦？那就做不同的用途吧，濁水用來洗腳也很好啊！

何必一定要有清水呢？

這是一種隨遇而安、適應權變的生活態度，一個人如果讓自己只能存活在清潔、乾淨、無菌的環境中，很容易會被這個世界所淘汰。「清兮濯纓，濁兮濯足」代表了我們適應環境的能力。

當然，適應環境的能力，與屈原堅持不可妥協的絕對價值觀，這是不同的層次。

2 千古奇文——山巨源絕交書

一部中國的歷史，可以說是中國文人透過科舉制度求取功名的過程；獲得當權者的青睞，力求得到一官半職，是讀書人的最終目的。可是中國歷史上，也有少數人拒絕朝廷的召喚，寧為閒雲野鶴，這也是另一種選擇。

但是拒絕入朝為官，還寫了一封措辭嚴厲的絕交信函，以正告舉薦自己的友人，因而得罪了當道，最後甚至因而獲罪伏誅，這在中國歷史上就絕無僅有了。

這個寫絕交信的人就是魏晉時代的名士嵇康，而那封流傳千古的絕交信，就是〈與山巨源絕交書〉。

山巨源就是山濤。與嵇康同為竹林名士，時任吏部郎的山濤，舉薦嵇康自代，因為嵇康是朝廷急待收編的名士，而舉薦此舉可能也是當權者司馬昭之意。這本是一樁好事，可是正直純潔的嵇康卻完全不能接受，而回以一封〈與山巨源絕交書〉。

絕交書起筆就說山濤對自己不夠瞭解，當自己聽到山濤入朝為官時，就有所警覺，「**恐足下羞庖人之獨割，引尸祝以自助，手薦鸞刀，漫之羶腥**」，意思是山濤就像廚子一般，羞於一個人做菜，要拉祭師一起來幫忙，這就像要嵇康手持屠刀，也染上腥羶之氣。語意決絕，不可轉寰。

接著嵇康力持自己以老莊為師，崇敬柳下惠、東方朔，他們都居於卑位，可是也有人不想做官，卻三次登上令尹的高位，這就是所謂的「達能兼善而不渝，窮則自得而無悶」，不論顯達與失意，都可以平靜自處。所以不論是「堯、舜之君世，許由之嚴棲，子房之佐漢，接輿之行歌」，其道理都一樣，都是按自己的意志行事，順著自己的本性去做，就可以得到內心的安定。「故君子百行，殊途而同致，循性而動，各附所安」。

只要能各附所安，所以「有處朝廷而不出，入山林而不反之論」，想做官的人不願歸隱，想隱居的人不願出仕，都是各附所安。

接著嵇康就分析自己的個性，有「七不堪」與「二不可」，都是行為及生活習慣上無法適應官場的證明。

七不堪包括：生性晚起；好動；喜搔癢，坐不住；不喜寫信，難以應付官場往來；不喜弔喪，有傷人情往來；不喜俗人，難與人相處；心性不耐煩，而官場繁忙，不可勝任。

二不可則指嵇康每每放言高論「非湯、武，而薄周、孔」，這種話一旦傳出去，為世俗所不容。再加上「剛腸疾惡，輕肆直言，遇事便發」，這種見惡事不能忍耐，直言批判，是另一個不可為官的道理。

嵇康接著筆鋒一轉：「夫人之相知，貴識其天性，因而濟之」，濟是成全的意思，希望山濤能成全嵇康不能為官的困難。又舉了許多歷史上相互諒解成全的例子，大禹不逼伯成子高，孔子不向子夏借傘，孔明不逼徐庶留在蜀國，華歆不強迫管寧做官，這都是真相知，護其短也。

然後嵇康對山濤發出最後的告白，如果非要強迫嵇康為官，無異「令轉於溝壑也」，致於死地也。

最後嵇康打了一個比方：「野人有快炙背而美芹子者，欲獻之至尊」，說山野之人以為太陽曬背是快樂的事，以為芹菜是最好的食物，而想獻給君王，雖然是一片至誠，但也太不近情理了；意思是山濤以為為官是好事，也要勉強嵇康，這不合理。

至此，一封義正辭嚴、論理清晰，筆鋒帶著憤怒、不滿與嘲諷的絕交書完成了，也成了後人吟詠展讀的千古奇文。

不過嵇康快意的寫了這封絕交書，卻也給自己埋下了不可測的殺身之禍，因為此書不但絕交了山濤，同時也向當權者司馬昭表達了拒絕收編之意。

其後嵇康因為呂安事件，挺身為呂安辯護，而致獲罪。《世說新語》稱「康上不臣天子，下不事王侯；輕時傲世，不為物用，無益於今，有敗於俗。……以其負才、亂群、惑眾也。今不誅康，無以清潔王道。」於是錄康閉獄。

嵇康入獄後發生了大規模的太學生請願行動，可是改變不了嵇康被殺的命運。

嵇康臨刑前，「神氣不變，索琴彈之，奏廣陵散」。彈完之後，嵇康說：之前袁孝尼曾想學此曲，我不肯教，現在〈廣陵散〉從此絕矣！

一個臨死之人，還為一曲的絕唱而在意憂心，嵇康的瀟灑豁達，非常人能想像。

嵇康一生特立獨行，堅持自己的信念，絕不妥協，就算在外界政治力的壓迫下，他仍然選擇自己的理念，不肯屈從，最後以死相殉，為後人留下千古不移的風範。

3 揭開人性虛偽面具的諷世之作——北山移文

人活在世上總是帶著假面具，不論內心的真相如何，人都會追隨社會的主流價值，偽裝出奉行主流價值的行為。有人一輩子偽裝得很成功，始終沒有被揭穿，可是大多數人都經不起時間的考驗，被外界所引誘，而露出馬腳。

在中國古代社會，入世為官與隱居山林一向是兩種截然不同的選擇。只是隱居者往往得到比較高的評價，獲得較多的認同，因此許多人在為官之前，每每裝出隱逸的樣子，直到令名遠播，朝廷求賢……

唐朝進士盧藏用隱居終南山，藉此贏得令名，終於達到做官的目的，也成就了「終南捷徑」的成語，可見歷史上虛偽隱士何其多。

然而比唐朝更早，就有文人看破虛偽的嘴臉，寫了一篇影響深遠的諷世之文，盡呈這些虛偽隱士的行為，足為後世警惕。

這篇文章就是南北朝時代孔稚珪所寫的〈北山移文〉，假借北山神靈，質問虛偽隱者的行徑，以昭告周知。

孔稚珪〈北山移文〉

鍾山之英，草堂之靈。馳煙驛路，勒移山庭。

夫以耿介拔俗之標，蕭灑出塵之想。度白雪以方絜，干青雲而直上，吾方知之矣。若其亭亭物表，皎皎霞外，芥千金而不眄，屣萬乘其如脫。聞鳳吹於洛浦，值薪歌於延瀨。固亦有焉。豈期終始參差，蒼黃翻覆。淚翟子之悲，慟朱公之哭。乍迴跡以心染，或先貞而後黷。何其謬哉！嗚呼！尚生不存，仲氏既往，山阿寂寥，千載誰賞？

起筆四句，指鍾山及草堂的神靈，奔馳在煙霧瀰漫的道路上，把此篇移文刻在山前。

接著寫有一種人以耿介拔俗、瀟灑出塵的風度，志氣高潔，可比白雪，凌駕青雲；也還有另一種人，特立獨行，風度如雲霞一般，不把千金看在眼中（眄：斜視），棄萬乘的帝位如脫破鞋，在洛水之濱聽先人吹笙，在延瀨遇高人採薪唱歌。可是以上這兩種人若不能始終如一，而前後不一，青黃反覆，就好像是墨子悲素絲，揚朱泣歧路一般，雖暫時隱居，可是仍心繫名利，先潔白可是後被汙染，這是多麼荒謬的事啊！過去的隱士尚生、仲氏都已不存在了，山很寂寞，還有誰來欣賞？

下一段（原文略）就寫到有一位叫周子的人，既有文采又博學，既通老莊，又懂史學，學東魯、南郭一樣隱居起來，欺騙松桂、雲豁，假裝成隱士，卻還寄情於爵祿。他剛來之時，連巢父、許由都看不上眼，輕視百家，蔑視王侯，欣賞隱士，討厭功利之人，不時講講佛家的義理，也研究道家的學問，古代的隱士務光、涓子根本比不上他。

接著兩段，寫的是當朝廷派人來徵召，這位假隱士立即變個樣，手舞足蹈，洋洋得意，棄置隱居時的衣物，露出庸俗的模樣。山中的風雲悲悽，泉石幽怨，林巒若失，草木如喪，都不屑於假隱士的改變。

而假隱士一旦正式任官，就「牒訴倥偬」、「綢繆結課」，忙於公文俗務，考核官吏政績，急於想超越歷史上的名臣，馳名天下。

接著寫假隱士走後，山中的狀況皆不齒其行為。

使我高霞孤映，明月獨舉，青松落陰，白雲誰侶？澗石摧絕無與歸，石逕荒涼徒延佇。至於還飈入幕，寫霧出楹，蕙帳空兮夜鵠怨，山人去兮曉猨驚。昔聞投簪逸海岸，今見解蘭縛塵纓。於是南岳獻嘲，北隴騰笑。列壑爭譏，攢峰竦誚。慨遊子之我欺，悲無人以赴弔。故其林慚無盡，澗愧不歇，秋桂遺風，春蘿罷月。騁西山之逸議，馳東皋之素謁。

山中的雲霞、明月、青松、白雲、澗石、石徑都孤獨落寞，無人陪伴。而草堂空虛，雲霧繚繞，夜鵠怨、曉猿驚。再想起古人「投簪逸海岸」，辭官歸故里，而今看到「解蘭縛塵纓」，急切入世為官，引來了南岳、北隴、列壑、眾峰群起恥笑，慨嘆假隱士欺騙了所有的人，沒人會同情他。林木、山澗、秋桂、春蘿也都因羞愧其作為，無心吟風弄月。還惹來西山、東皋的清議評論四起。

最後一段（原文略），作者除了代表山林草木再表達不齒之外，最後兩句：「請迴俗士駕，為君謝逋客」，就請俗士、假隱士皆不要再來了。

〈北山移文〉除了寓意深遠、可警世之外，也是極佳的駢體文代表作，用字典雅，對仗工整，可做為學習古文的參考。

4 人見人愛「孔方兄」——錢神論

中國社會雖是以仕子讀書考取功名為發展主軸，整個社會資源的分配，都在科舉制度，可是國家的興衰，卻往往取決於政府的稅收：國庫盈，則國用豐富，政通人和；國庫虛則捉襟見肘，政令不行，可見錢仍然是立國之根本。

可是中國文人一向高雅自持，避談錢財，並將其貶為「銅臭」，以致於對「錢」這個生活必備的物品，一向缺乏正確的價值觀，也未能具備合理的應對態度。

晉朝人魯褒所寫的〈錢神論〉，應是歷史上少見的對「金錢」的論述。因為錢的影響力巨大，地位尊高，而以「神」稱之，文中寫進了人世間對錢的喜好、追逐、重視，嘻笑怒罵之餘，兼具極深刻的論述，可做為讀者正確認識錢財的開始。

「錢神論」有各種流傳版本，但各版本似乎都非全貌，本文選錄的是《歷代散文選注》（里仁版）所錄的版本。

魯褒〈錢神論〉

錢之為體，有乾坤之象，內則其方，外則其圓。其積如山，其流如川。動靜有時，行藏有節，市井便易，不患耗折。難折象壽，不匱象道，故能長久，為世神寶。親之如兄，字曰「孔方」。失之則貧弱，得之則富昌。無翼而飛，無足而走，解嚴毅之顏，開難發之口。錢多者處前，錢少者居後。處前者為君長，在後者為臣僕。君長者豐衍而有餘，臣僕者窮竭而不足。《詩》云：「哿矣富人，哀此煢獨。」

此段言錢的形狀、功能，流通方便，不會耗損，既長壽，又像「道」一樣運行不息，世人視之為神明寶貝。沒有錢則貧弱，有錢就富足昌盛，無翼無足，卻可飛可走，可讓人展笑顏，也可以讓人開金口。錢多的人站前面，錢少的人站後排；前者為長官，後者為臣僕，長官富足，臣僕窮困。詩云兩句，則指富人享樂，貧苦者可憐。

（「哿」音ㄍㄜˇ，喜樂也，「煢」音ㄑㄩㄥˊ，孤苦無依也。）

這一段給錢做出定位，在人世間是神寶，以神論錢，誠不虛也。

錢之為言泉也，無遠不往，無幽不至。京邑衣冠，疲勞講肄，厭聞清談，對之睡寐，見我家兄，莫不驚視。錢之所祐，吉無不利。何必讀書，然後富貴。昔呂公欣悅於空版，漢祖克之於嬴二，文君解布裳而被錦繡，相如乘高蓋而解犢鼻，官尊名顯，皆錢所致。空版至虛，而況有實；嬴二雖少，以致親密。由此論之，謂之神物。無德而尊，無勢而熱，排金門而入紫闥。危可使安，死可使活，貴可使賤，生可使殺。是故忿爭非錢不勝，幽滯非錢不拔，怨讎非錢不解，令問非錢不發。

這一段進一步談錢在現實世界之運用。京城中的達官顯要，在學校中無精打采，也厭倦清談（講肆，學校也）。可是一看到錢，都驚奇凝視；有錢不用讀書，就可以富貴。當年漢高祖劉邦，打白條賀呂公，而蕭何在劉邦出差時多送禮金，卓文君能脫下布衣，身穿錦繡，這些都是金錢之物，稱為神物，當之無愧。金錢之力，可直達皇宮（紫闥，宮廷也）。

所以金錢可以轉危為安，死可使活，貴可使賤，生可使殺，官司用錢就可勝，仕人有錢就可以升官，仇恨要錢才能解，名聲花錢才能遠傳。

洛中朱衣，當途之士，愛我家兄，皆無已已。執我之手，抱我終始，不計優劣，不論年紀，賓客輻輳，門常如市。諺曰：「錢無耳，可使鬼。」凡今之人，惟錢而已。故曰：「軍無財，士不來；軍無賞，士不往。」仕無中人，不如歸田。雖有中人，而無家兄，不異無翼而欲飛，無足而欲行。

洛陽城中的高官及當權者，喜歡錢永無止境（布衣，高官。當塗，當權者）。這些人每天守著錢，抱著錢，只要有錢，賓客常滿，門庭若市。俗話說：「有錢能使鬼推磨。」

所以說：國君沒有錢財，仕人就不會前去投靠。而做官的在朝中如果沒有高官可依靠，那就不如回家種田；可是就算有靠山，如果沒有錢，就像沒翅膀卻想飛，沒腳卻想走。

〈錢神論〉到此忽然結束，應是不完整的刪節版本，不過對錢已有極深的描述。此文把「凡今之人，惟錢而已」，描繪得淋漓盡致，人一切向錢看，唯錢是問，錢變成人生唯一的目標，錢的多寡，也是人的地位、成就及價值的唯一衡量標準。在錢的役使上，人醜態畢現。

讀完此文，人或者可以對錢有較正確的看法，也可以稍免於被錢所奴役。

5 曲折離奇的悲歡離合歷史故事——胡笳十八拍

這是一個驚天地、泣鬼神的歷史故事。

東漢末年，群雄並起，北方中原生靈塗炭，陷入戰火摧殘。知名大儒蔡邕之女蔡文姬，在兵荒馬亂中，被來犯的北方胡人虜走，並被匈奴的左賢王納為王妃，拘留匈奴十二年，並為左賢王生了兩個兒子。

後來曹操逐漸統一北方，在得知蔡文姬流落匈奴之後，因曹操與蔡邕是知交，決定迎蔡文姬歸漢。

曹操派使者，攜黃金千兩，白璧一雙，前往匈奴洽商，終於在蔡文姬三十五歲之年回到中原。

〈胡笳十八拍〉就是寫蔡文姬從被匈奴所虜，被逼為妃，離漢入胡，胡地苦寒，思念鄉土，後又因生下兩個幼子，不得不含淚忍悲苟活；一直到漢使來贖，必須離別幼子的矛盾心情，別離的悽慘畫面，思念幼子，天各一方的哀怨。全篇近一千三百字，是古樂府長詩，並附琴曲，可以彈唱。

十八拍在突厥語即為「首」，是十八首詩、曲，這組詩被大陸知名文人郭沫若喻為自屈原〈離騷〉之後，最值得欣賞的抒情長篇詩作。

全詩重點如下：

第一拍：

我生之初尚無為，我生之後漢祚衰。天不仁兮降亂離，地不仁兮使我逢此時。干戈日尋兮道路危，民卒流亡兮共哀悲。煙塵蔽野兮胡虜盛，志意乖兮節義虧。對殊俗兮非我宜，遭惡辱兮當告誰？笳一會兮琴一拍，心憤怨兮無人知。

這是寫漢祚傾頹，百姓流亡，胡虜氣盛，文姬被俘，遭逢惡辱，心懷憤恨。

第二拍：

戎羯逼我兮為室家，將我行兮向天涯。雲山萬重兮歸路遐，疾風千里兮楊塵沙。人多暴猛兮如虺蛇，控弦被甲兮為驕奢。兩拍張弦兮弦欲絕，志摧心折兮自悲嗟。

這一拍寫文姬被逼成婚，雲山萬里歸不得，面對兇惡的胡人，志摧心折，只能自悲自嘆。

第三拍：

越漢國兮入胡城，亡家失身兮不如無生。氈裘為裳兮骨肉震驚，羯膻為味兮枉遏我情。鼙鼓喧兮從夜達明，胡風浩浩兮暗塞營。傷今感昔兮三拍成，銜悲畜恨兮何時平。

此拍寫離漢入胡的情景。

第四拍：

無日無夜兮不思我鄉土，稟氣含生兮莫過我最苦。天災國亂兮人無主，唯我薄命兮沒戎虜。殊俗心異兮身難處，嗜欲不同兮誰可與語！尋思涉歷兮多艱阻，四拍成兮益凄楚。

第四拍寫思念鄉土，殊俗心異難相處。

第五拍寫見雁南飛，思鄉情甚。原文略。

第六拍寫胡地苦寒，朝見長城，夜聞隴水，飢不能餐。原文略。

第七拍寫胡地生活情景。逐水草居，牛羊滿野。原文略。

第八拍：

為天有眼兮何不見我獨漂流？為神有靈兮何事處我天南海北頭？我不負天兮天何配我殊匹？我不負神兮神何殛我越荒州？制茲八拍兮擬排憂，何知曲成兮心轉愁。

這一拍是作者驚天動地的怨天、恨地，天有眼、地有靈，為何使我獨自漂流天南海北？不負天、不負地，卻遠離荒州。

第九拍寫愁緒無邊，問天不語。原文略。

第十拍寫連年征戰，故鄉遠隔，欲哭無淚。原文略。

第十一拍：

我非貪生而惡死，不能捐身兮心有以。生仍冀得兮歸桑梓，死當埋骨兮長已矣。日居月諸兮在戎壘，胡人寵我兮有二子。鞠之育之兮不羞恥，愍之念之兮生長邊鄙。十有一拍兮因茲起，哀響纏綿兮徹心髓。

寫因已育有二子，所以並非貪生怕死，只能忍痛偷生。

第十二拍：

東風應律兮暖氣多，知是漢家天子兮布陽和。羌胡蹈舞兮共謳歌，兩國交歡兮罷兵戈。忽遇漢使兮稱近詔，遺千金兮贖妾身。喜得生還兮逢聖君，嗟別稚子兮會無因。十有二拍兮哀樂均，去住兩情兮難具陳。

寫漢使遠來，要贖回蔡文姬，既喜能歸鄉，可是又捨不下兩幼子。

第十三拍：

不謂殘生兮卻得旋歸，撫抱胡兒兮泣下沾衣。漢使迎我兮四牡肥肥，胡兒號兮誰得知？與我生死兮逢此時，愁為子兮日無光輝，焉得羽翼兮將汝歸。一步一遠兮足難移，魂消影絕兮恩愛遺。十有三拍兮弦急調悲，肝腸攪刺兮人莫我知。

歸鄉時，擁抱胡兒，泣不成聲，步步難移，痛斷肝腸。

第十四、五、六拍寫歸後，可是仍然掛念胡兒，泣血仰頭訴蒼蒼。原文略。

第十七拍：

十七拍兮心鼻酸，關山阻修兮獨行路難。去時懷土兮心無緒，來時別兒兮思漫漫。塞上黃蒿兮枝枯葉干，沙場白骨兮刀痕箭瘢。風霜凜凜兮春夏寒，人馬飢荒兮筋力單。豈知重得兮入長安，嘆息欲絕兮淚闌干。

回想當年入胡懷鄉，而今回來卻要別子，重入長安，傷心欲絕。

第十八拍：

胡笳本自出胡中，緣琴翻出音律同。十八拍兮曲雖終，響有餘兮思無窮。是知絲竹微妙兮均造化之功，哀樂各隨人心兮有變則通。胡與漢兮異域殊風，天與地隔兮子西母東。苦我怨氣兮浩於長空，六合雖廣兮受之不容！

最後一拍係總結，胡笳本出自胡人，但音律相通，胡漢雖異域，風俗不同，但子母卻各自東西，怨氣浩於長空，天地亦同悲。

這是一則流傳千古的悲歡離合故事，蔡文姬也和〈胡笳十八拍〉一樣，永遠流傳。

國學參考書目

1《詩經讀本》（上、下），滕志賢著，三民書局發行。
2《古詩十九首集釋》劉履等著，楊家駱編，世界書局發行。
3《屈原賦注》，戴震著，世界書局發行。
4《老子今註今譯》（上、下），陳鼓應註譯，台灣商務印書館發行。
5《莊子今註今譯》（上、下），陳鼓應註譯，台灣商務印書館發行。
6《孫子今註今譯》，魏汝霖註譯，台灣商務印書館發行。
7《新刊廣解四書讀本》，蔣伯潛著，商周出版發行。
8《荀子新注》，北大哲學系編譯，里仁書局發行。
9《中文經典一百句：論語》，文心工作室著，商周出版發行。
10《中文經典一百句：孟子》，文心工作室著，商周出版發行。
11《中文經典一百句：詩經》，文心工作室著，商周出版發行。
12《中文經典一百句：老子》，季旭昇等著，商周出版發行。
13《中文經典一百句：東萊博議》，曾家麒著，商周出版發行。
14《中文經典一百句：宋詞》，季旭昇等著，商周出版發行。

15《中文經典一百句：曾國藩家書》，文心工作室著，商周出版發行。
16《歷代詩選注》，鄭文惠等著，里仁書局發行。
17《唐宋詩舉要》，高步瀛著，里仁書局發行。
18《唐宋名家詞選》，龍沐勛編選，里仁書局發行。
19《唐宋詞三百首》，溫庭筠著，復漢出版社發行。
20《古典詩詞名篇鑑賞集》，袁行霈、劉逸生著，國文天地發行。
21《人間詞話新注》，王國維著、滕咸惠校注，里仁書局發行。
22《歷代曲選注》，朱自力等著，里仁書局發行。
23《袖珍曲選》，沈惠如著，里仁書局發行。
24《古文觀止》，謝冰瑩等註譯，三民書局發行。
25《歷代散文選注》（上、下），張素卿等著，里仁書局發行。
26《菜根譚》，吳家駒注譯，三民書局發行。
27《金戈鐵馬辛棄疾》，趙曉嵐著，麥田出版發行。
28《一種風流吾最愛》，劉強，麥田出版發行。
29《近三百年名家詞選》，忍寒居士編，世界書局發行。
30《史記菁華錄》，安平秋等譯，商周出版發行。

國家圖書館出版品預行編目資料

自慢7：人生國學讀本 / 何飛鵬著 ;
初版. -- 臺北市：
商周出版：城邦文化發行，2014.12
面； 公分
ISBN 978-986-272-709-6 (精裝)
1. 職場成功法 2. 人生哲學

494.35 103023297

新商業周刊叢書 BW0557

自慢7：人生國學讀本

作者／何飛鵬
文字整理／黃淑貞、李惠美
責任編輯／簡翊茹
版權／黃淑敏
行銷業務／周佑潔、張倚禎

總　編　輯／陳美靜
總　經　理／彭之琬
事業群總經理／黃淑貞
發　行　人／何飛鵬
法 律 顧 問／台英國際商務法律事務所　羅明通律師
出　　　版／商周出版
台北市中山區民生東路二段141號9樓
電話：（02）2500-7008 傳真：（02）2500-7759
E-mail：bwp.service@cite.com.tw
發　　　行／英屬蓋曼群島商家庭傳媒股份有限公司　城邦分公司
台北市中山區民生東路二段141號2樓
讀者服務專線：0800-020-299
24小時傳真服務：（02）2517-0999
讀者服務信箱E-mail：cs@cite.com.tw
劃撥帳號：19833503
戶名：英屬蓋曼群島商家庭傳媒股份有限公司　城邦分公司
訂 購 服 務／書虫股份有限公司　客服專線：（02）2500-7718；2500-7719
服務時間：週一至週五　上午09:30-12:00；下午13:30-17:00
24小時傳真專線：（02）2500-1990；2500-1991
劃撥帳號：19863813　戶名：書虫股份有限公司
香港發行所／城邦（香港）出版集團有限公司
香港灣仔駱克道193號東超商業中心1樓
電話：(852) 2508-6231　傳真：(852) 2578-9337
E-mail：hkcite@biznetvigator.com
馬新發行所／城邦（馬新）出版集團
Cite (M) Sdn Bhd 41, Jalan Radin Anum, Bandar Baru Sri Petaling,
57000 Kuala Lumpur, Malaysia.
電話：(603) 90578822　傳真：(603) 90576622　E-mail：cite@cite.com.my

封面設計／黃聖文
內頁排版／吳怡嫻　　內頁版型／查理王子工作室
印刷／鴻霖印刷傳媒股份有限公司
總經銷／高見文化行銷股份有限公司 電話：(02) 2668-9005　傳真：(02) 2668-9790
行政院新聞局北市業字第913號

■2014年12月25日初版1刷
■2020年11月05日初版10.8刷

Printed in Taiwan
城邦讀書花園
www.cite.com.tw

ISBN 978-986-272-709-6

定價360元

商周出版

廣　告　回　函
北區郵政管理登記證
台北廣字第000791號
郵資已付，免貼郵票

104台北市民生東路二段141號2樓

英屬蓋曼群島商家庭傳媒股份有限公司

城邦分公司　收

請沿虛線對摺，謝謝！

商周出版

書號：**BW0557**　　書名：自慢**7**：人生國學讀本 編碼：

請於此處用膠水黏貼

商周出版

讀者回函卡

感謝您購買我們出版的書籍！請費心填寫此回函卡，我們將不定期寄上城邦集團最新的出版訊息。

不定期好禮相贈！
立即加入：商周出版
Facebook 粉絲團

姓名：＿＿＿＿＿＿＿＿＿＿＿＿＿＿ 性別：☐男 ☐女

生日：西元＿＿＿＿＿年＿＿＿＿＿月＿＿＿＿＿日

地址：＿＿＿＿＿＿＿＿＿＿＿＿＿＿＿＿＿＿＿＿

聯絡電話：＿＿＿＿＿＿＿＿＿ 傳真：＿＿＿＿＿＿＿＿＿

E-mail ：

學歷：☐ 1. 小學 ☐ 2. 國中 ☐ 3. 高中 ☐ 4. 大學 ☐ 5. 研究所以上

職業：☐ 1. 學生 ☐ 2. 軍公教 ☐ 3. 服務 ☐ 4. 金融 ☐ 5. 製造 ☐ 6. 資訊
☐ 7. 傳播 ☐ 8. 自由業 ☐ 9. 農漁牧 ☐ 10. 家管 ☐ 11. 退休
☐ 12. 其他＿＿＿＿＿＿＿＿＿＿＿＿＿＿＿＿

您從何種方式得知本書消息？
☐ 1. 書店 ☐ 2. 網路 ☐ 3. 報紙 ☐ 4. 雜誌 ☐ 5. 廣播 ☐ 6. 電視
☐ 7. 親友推薦 ☐ 8. 其他＿＿＿＿＿＿＿＿＿＿＿＿

您通常以何種方式購書？
☐ 1. 書店 ☐ 2. 網路 ☐ 3. 傳真訂購 ☐ 4. 郵局劃撥 ☐ 5. 其他＿＿＿＿

您喜歡閱讀那些類別的書籍？
☐ 1. 財經商業 ☐ 2. 自然科學 ☐ 3. 歷史 ☐ 4. 法律 ☐ 5. 文學
☐ 6. 休閒旅遊 ☐ 7. 小說 ☐ 8. 人物傳記 ☐ 9. 生活、勵志 ☐ 10. 其他

對我們的建議：＿＿＿＿＿＿＿＿＿＿＿＿＿＿＿＿＿＿＿＿
＿＿＿＿＿＿＿＿＿＿＿＿＿＿＿＿＿＿＿＿
＿＿＿＿＿＿＿＿＿＿＿＿＿＿＿＿＿＿＿＿

請於此處用膠水黏貼